Wolfgang Hobmaier/Werner Kopf

Wirtschaftsausschuss in der Praxis

- Rechtliche Grundlagen
- Organisation des WA
- Jahresabschluss lesen und richtig interpretieren

7. Auflage

ifb verlag
der betriebsrat

Bibliografische Information der Deutschen Bibliothek

Die Deutsche Bibliothek verzeichnet diese Publikation in der Deutschen Nationalbibliografie; detaillierte bibliografische Daten sind im Internet über http://dnb.d-nb.de abrufbar.

Die Erstellung dieses Buches ist mit größter Sorgfalt erfolgt. Trotzdem können Fehler niemals ausgeschlossen werden. Verlag und Autoren können für solche und deren Folgen weder eine juristische Verantwortung noch irgendeine Haftung übernehmen. Anregungen, Verbesserungsvorschläge und Hinweise auf eventuelle Fehler richten Sie bitte an:
ifb-Verlag der betriebsrat GmbH, Prof.-Becker-Weg 16, 82418 Seehausen am Staffelsee

7. Auflage 2019

Satz: Arnd Hartung EDV & DTP, Hennef (Sieg), Westerhausen
Druck: CPI books GmbH, Leck
Umschlag: Arnd Hartung EDV & DTP, Hennef (Sieg), Westerhausen
Umschlagsfoto: Zero Creatives-GettyRF
Printed in Germany 2019
ISBN 978-3-934637-90-0
www.verlag-dbr.de

Vorwort

Warum ist betriebswirtschaftliches Wissen so unverzichtbar für den Betriebsrat? Weil die meisten Veränderungen, die in einem Unternehmen angestoßen werden, mit betriebswirtschaftlichen Notwendigkeiten begründet sind. Dazu gehören Kosteneinsparprogramme, Umstrukturierungen, Verlagerungen oder auch Personalfreisetzungen und Unternehmensverkäufe, um nur einige Beispiele zu nennen. Wer sein Betriebsratsmandat kompetent ausfüllen will, muss deshalb auch die betriebswirtschaftliche Welt der Unternehmenssteuerung verstehen.

In Unternehmen mit mehr als 100 Mitarbeitern sieht das Betriebsverfassungsrecht einen **Wirtschaftsausschuss** vor, der sich speziell mit dem Bereich der „wirtschaftlichen Angelegenheiten" auseinandersetzt. Dieser Ausschuss hat weitreichende Informations- und Beratungsrechte gegenüber dem Unternehmer. So soll der Wirtschaftsausschuss die gesamte wirtschaftliche Entwicklung des Unternehmens im Blick haben, um den Betriebsrat frühzeitig informieren zu können, etwa wenn das Unternehmen droht, in finanzielle Schieflage zu geraten. Zur Beurteilung der generellen wirtschaftlichen Gesundheit eines Unternehmens ist der **Jahresabschluss** ein zentrales Informationsinstrument für Betriebsrat und Wirtschaftsausschuss. Der handelsrechtliche Jahresabschluss ist deshalb auch das Kernthema unseres Buches.

Es zeigt Ihnen, wie ein Jahresabschluss aufgebaut ist und welche Informationen sich wo verbergen. Sie lernen nicht nur eine Bilanz und eine Gewinn- und Verlustrechnung zu lesen, sondern bekommen auch eine Anleitung dazu, wie die einzelnen Zahlen mit Hilfe von Kennzahlen interpretiert werden können. Neben den rechtlichen Grundlagen der Wirtschaftsausschussarbeit erhalten Sie auch eine praktische Anleitung zur Organisation im Wirtschaftsausschuss.

Damit sowohl der Spaß als auch der Praxisbezug beim Lesen dieses Buches nicht zu kurz kommen, haben wir die Geschichte von **Günter Kleinschmitt** in dieses Fachbuch eingebunden. Herr Kleinschmitt ist Betriebsratsvorsitzender bei einem mittelständischen Produktionsunternehmen in Bayern. An einem schönen Freitagmorgen erfährt er aus der lokalen Zeitung, dass sein Unternehmen in wirtschaftlichen Problemen steckt und dass mit Entlassungen gerechnet werden muss. Bestürzt über diese Information macht er sich auf einen unkonventionellen Weg, um sich seine eigene Meinung zur wirtschaftlichen Gesundheit seines Unternehmens zu bilden.

Wenn Sie jetzt Günter Kleinschmitt auf seiner „Lern-Reise" begleiten, freuen wir uns als Autoren sehr über „Ansichtskarten von unterwegs", die Sie gerne an die Verlagsadresse senden können.

Wolfgang Hobmaier und Werner Kopf

Inhalt

4 Die Gewinn- und Verlustrechnung im Detail

5 Der Konzernabschluss

6 Auswertung des Jahresabschlusses mit Hilfe von Kennziffern

8 Organisation der Wirtschaftsausschussarbeit

Einleitung

Günter Kleinschmitt ist Betriebsratsvorsitzender der Murnauer Metallwerke. Momentan hat er Urlaub. Freitag Morgen sitzt er am Frühstückstisch. Er liest die lokale Tageszeitung und genießt seinen letzten Urlaubstag. Im Wirtschaftsteil sticht ihm folgende Überschrift ins Auge:

„Murnauer Metallwerke erleben dramatischen Ertragseinbruch

Beim jährlichen Weihnachtsforum des Murnauer Gewerbevereins im Schloss Gantenfels, zu dem auch der Bürgermeister und die Fraktionsspitzen eingeladen waren, standen die weitere Konversion des ehemaligen Kasernengeländes zum Gewerbegebiet und die Weiterentwicklung des Gewerbesteueraufkommens im Mittelpunkt der Gespräche. In diesem Zusammenhang kündigte der Geschäftsführer der Murnauer Metallwerke, Lothar Steinbeisser, in einem vertraulichen Gespräch mit unserer Redakteurin an, dass seine Firma in diesem Jahr zum Gewerbesteueraufkommen nichts beitragen wird, sondern voraussichtlich sogar einen Steuererstattungsanspruch geltend machen wird. Der Jahresabschluss sei zwar noch nicht fertig gestellt, es zeichne sich aber ein drastischer Einbruch des EBIT in diesem Jahr ab. Selbst der Cashflow im Konzern drohe negativ zu werden. Beim anschließenden Kamingespräch schloss Steinbeisser gegenüber unserer Redakteurin nicht aus, dass es zu einer Neujustierung des bestehenden Geschäftsmodells kommen wird. Dabei dürfe es keine Tabus hinsichtlich bestehender Besitzstände geben. Zu weiteren konkreten Maßnahmen wolle er sich nicht äußern, da erst für Montag ein Treffen mit dem Betriebsrat vereinbart sei. Ebenso wollte sich Steinbeisser nicht festlegen, wie viele Arbeitsplätze vom Stellenabbau konkret betroffen sein werden.“

Günter ist entsetzt und springt von seinem Stuhl auf. In einem Gefühl zwischen Wut, dass er diese Nachricht aus der Zeitung erfährt, und tiefer Besorgnis, was auf ihn und die Belegschaft zukommen wird, versucht er sofort seine Betriebsratskollegen anzurufen. Leider kann er niemanden erreichen und so steht er alleine da. Er ist sich sicher, dass es Montag zu einer fatalen Situation mit der Geschäftsleitung kommen wird. Der Betriebsrat wird vollkommen unvorbereitet mit betriebswirtschaftlichen Begriffen, Kennzahlen und womöglich dem Jahresabschluss überrollt werden. Anschließend werden sicherlich schnelle Entscheidungen gefordert. Das darf so nicht passieren! Er muss die nächsten 48 Stunden nutzen, um sich möglichst viel Know-how aus diesem Bereich anzueignen.

Als erste Anlaufstelle fällt ihm sein alter Schulfreund und Bankberater Peter Wuchermann ein. Da der Geschäftsführer gegenüber der Redakteurin vor allem mit dem Jahresabschluss argumentiert hat, will er sich diesen als erstes vornehmen. Hoffentlich kann Wuchermann ihm dabei helfen.

Der Jahresabschluss im Überblick

1

In diesem Kapitel erfahren Sie

1. wie eine Bilanz aufgebaut ist,
2. welche Informationen die Bilanz enthält,
3. wie eine Gewinn- und Verlustrechnung strukturiert ist,
4. welche Informationen die Gewinn- und Verlustrechnung gibt.

Günter Kleinschmitt ruft sofort seinen Bankberater und Freund Peter Wuchermann an. Er schildert ihm sein Anliegen und vereinbart einen Termin um 14 Uhr. Normalerweise dauern Gespräche mit Wuchermann immer zwei Stunden, weil Wuchermann gerne und viel redet, wenn man ihm eine fachliche Frage stellt. Das will Günter heute einmal zu seinen Gunsten nutzen.

14 Uhr: „Ich muss so schnell wie möglich verstehen", sagt Günter zu Wuchermann, „wie ein Jahresabschluss aufgebaut ist und welche Informationen er liefert. Und das möglichst praxisorientiert."

Wuchermann hebt die Augenbrauen und nickt. Er steht auf und schließt seine Bürotür. Mit dem Hinweis auf absolute Diskretion gegenüber Bürgermeister Halder nimmt er den Jahresabschluss der Bauunternehmung Halder GmbH, den er gerade für eine Kreditvergabe analysiert, aus seiner Schublade. Beide beugen sich über die ausgebreiteten Blätter und Wuchermann beginnt mit seinen Erläuterungen.

1.1 Die Bilanz

Der Jahresabschluss besteht im Kern aus zwei Elementen, der Bilanz und der Gewinn- und Verlustrechnung (GuV). Die Bilanz gibt Auskunft darüber, welches Vermögen ein Unternehmen an einem bestimmten Stichtag besitzt und wie es sein Vermögen finanziert hat.

§ 247 Abs. 2 HGB

Auf der linken Seite, der sogenannten **Aktivseite,** sind alle **Vermögensgegenstände** des Unternehmens dargestellt **(Aktiva).** Es wird zwischen Anlagevermögen und Umlaufvermögen unterschieden. Im **Anlagevermögen** werden all jene Vermögensgegenstände bilanziert, die langfristig im Vermögen des Unternehmens bleiben (z. B. Bürogebäude, Produktionsmaschinen, Patente). Alle anderen Vermögensgegenstände werden dem **Umlaufvermögen** zugeordnet (etwa Vorräte, Forderungen, liquide Mittel). Was insgesamt als Vermögensgegenstand im Jahresabschluss definiert ist und welcher Wert den Vermögensgegenständen von Jahr zu Jahr zuzuordnen ist, legt das **Handelsgesetzbuch** (HGB) fest. Die Werte des Vorjahres werden dabei grundsätzlich auch angegeben, um Entwicklungen sichtbar zu machen.

Die Aktivseite beantwortet folglich Fragen wie:

- Welches Vermögen hat das Unternehmen?
- Wie entwickelt sich das Vermögen?

Bilanz Halder GmbH
31.12.2018

Aktiva	31.12.2019	31.12.2018	Passiva	31.12.2019	31.12.2018
Anlagevermögen			*Eigenkapital*		
Software	110.000	110.000	Gezeichnetes Kapital	500.000	500.000
Gebäude	550.000	400.000	Gewinnrücklagen	200.000	200.000
Maschinen	180.000	100.000	Jahresüberschuss	78.000	78.000
	840.000	610.000		778.000	778.000
Umlaufvermögen			*Fremdkapital*		
Vorräte	200.000	200.000	Darlehen	950.000	492.000
Forderungen	900.000	500.000	Verbindlichkeiten	350.000	350.000
Bank	120.000	250.000			
Kasse	18.000	60.000			
	1.238.000	1.010.000		1.300.000	842.000
Summe	2.078.000	1.620.000	Summe	2.078.000	1.620.000

BEISPIEL

Beispiel: Entwicklung der Aktivseite bei der Halder GmbH

Das Gesamtvermögen der Halder GmbH ist von € 1.620.000 auf € 2.078.000 um € 458.000 gestiegen. Woher kommt diese Entwicklung? Das Anlagevermögen ist insgesamt um € 230.000 (840.000 - 610.000) durch Investitionen im Bereich der Gebäude und Maschinen gewachsen. Auch das Umlaufvermögen ist in der Summe um € 228.000 (1.238.000 - 1.010.000) größer geworden. Hier haben die Forderungsbestände stark zugenommen. Gleichzeitig haben sich die liquiden Mittel auf der Bank und in der Kasse drastisch verringert.

Ein Bilanzleser kann vor diesem Hintergrund erste Ideen entwickeln: Das Unternehmen investiert, weil es nachhaltig an eine positive Entwicklung des eigenen Geschäfts glaubt. Die Abnahme der liquiden Mittel könnte damit in direktem Zusammenhang stehen. Ein Teil der Investitionen wurde wahrscheinlich damit finanziert. Die Zunahme der Forderungen könnte mit einer verschlechterten Zahlungsmoral der Kunden oder aber mit einem deutlich größeren Umsatzvolumen gegenüber dem Vorjahr zu tun haben.

Passiva

Auf der rechten Seite, der **Passivseite**, wird die **Finanzierung** des Unternehmensvermögens dargestellt. Die Passivseite unterscheidet zwei Bereiche als Finanzierungsquellen: Das Eigenkapital und das Fremdkapital.

Typische Positionen des **Eigenkapitals** sind das gezeichnete Kapital, die Gewinnrücklagen und der Jahresüberschuss. Das **gezeichnete Kapital** ist jenes Kapital, das die Eigner bei Gründung des Unternehmens eingezahlt haben. **Gewinnrücklagen** sind Gewinne, die das Unternehmen über die Jahre nicht an seine Eigner ausgeschüttet hat. Nicht ausgeschüttete Gewinne erhöhen das Eigenkapital. Ein **Jahresüberschuss** (Gewinn) entsteht durch den Verkauf von Erzeugnissen, Waren oder durch erbrachte Dienstleistungen.

Die zweite Finanzierungsquelle ist das **Fremdkapital.** Klassische Fremdkapitalpositionen sind Darlehen von Banken oder auch Verbindlichkeiten gegenüber Lieferanten. Zusammen müssen Eigenkapital und Fremdkapital ausreichen, um das Aktivvermögen zu finanzieren. Aktive und passive Bilanzsumme sind daher immer gleich groß (im Beispiel: € 2.078.000).

Die Passivseite der Bilanz beantwortet folglich Fragen wie:

- Wie stabil ist das Unternehmen über Eigenkapital finanziert?
- Wie viele Schulden und Verpflichtungen hat das Unternehmen?

BEISPIEL

Entwicklung der Passivseite bei der Halder GmbH

Das um € 458.000 (2.078.000 - 1.620.000) gestiegene Gesamtvermögen auf der Aktivseite der Bilanz muss irgendwie finanziert worden sein. Das gesamte Eigenkapital ist mit € 778.000 im Vergleich zum Vorjahr gleich geblieben. Die Veränderung kann folglich nur aus dem Fremdkapital kommen. Die Position Darlehen hat auch tatsächlich von € 492.000 auf € 950.000, also um € 458.000 zugenommen.

Über die gesamte Bilanz könnte der Bilanzleser jetzt folgende Idee entwickeln: In das Anlagevermögen wurden € 230.000 investiert. Die Forderungen sind um € 400.000 gestiegen. Beide Male sind das gebundene Mittel – zusammen € 630.000. Woher kam das Geld? Die liquiden Mittel (Kasse + Bank) haben sich um € 172.000 verringert und es wurde ein zusätzliches Darlehen über € 458.000 aufgenommen. Zusammen ergibt das die gesuchte Summe von € 630.000.

Zwischen den Stichtagen liegen zwölf Monate, das **Wirtschaftsjahr**. Stichtag ist bei den meisten Unternehmen der 31.12. eines Jahres. Das Wirtschaftsjahr kann aber auch vom Kalenderjahr abweichen. Dadurch kann manchmal die Vermögenserfassung bei der Inventur erleichtert werden. Alle Vermögensgegenstände, die ein Unternehmen besitzt, vom Fahrzeug über Computer bis zu Vorratsbeständen, sind durch die Buchhaltung in der EDV gespeichert. Zur Vermögenserfassung wird jedoch nochmals eine körperliche Erfassung, zumindest in Stichproben, vorgenommen. Damit werden fehlerhafte Erfassungen korrigiert und Bestandsabweichungen, die sich nicht aus der EDV erkennen lassen, wie Diebstahl oder Verderb, berücksichtigt. Aus dieser **Inventur** (zählen, messen, wiegen) entsteht das **Inventar**, das sich dann der Art nach in der Bilanz wiederfindet.

1.2 Die Gewinn- und Verlustrechnung

Die **Gewinn- und Verlustrechnung** gibt zu einem bestimmten Stichtag darüber Auskunft, welche Erträge ein Unternehmen im abgelaufenen Geschäftsjahr realisiert hat und welche Aufwendungen verursacht wurden. Die Differenz ergibt den Jahresüberschuss bzw. Jahresfehlbetrag.

Gewinn- und Verlustrechnung der Halder GmbH

	31.12.2018	31.12.2017
Umsatzerlöse	12.000.000	11.800.000
Sonstige betriebliche Erträge	745.000	745.000
Materialaufwand	8.540.000	8.400.000
Personalaufwand	2.874.000	2.870.000
Sonstiger betrieblicher Aufwand	1.200.000	1.177.000
Zinserträge	4.000	10.000
Zinsaufwand	57.000	30.000
Jahresüberschuss	78.000	78.000

Typische Ertragspositionen sind Umsatzerlöse (z. B. aus dem Verkauf von Waren oder Dienstleistungen), Zinserträge aus Bankguthaben und sonstige betriebliche Erträge (z. B. aus dem Verkauf von nicht mehr benötigten Maschinen). Demgegenüber stehen unter anderem die Materialaufwendungen, Personalaufwendungen und der Zinsaufwand. Der hieraus resultierende Jahresüberschuss stimmt mit dem Jahresüberschuss der Bilanz (Bereich Eigenkapital) überein.

Die Gewinn- und Verlustrechnung beantwortet Fragen nach der Aufwands- und Ertragsstruktur des Unternehmens, beispielsweise:

- Welche Ursachen hat der Jahresüberschuss bzw. Jahresfehlbetrag?
- Wie entwickeln sich die Aufwands- und Ertragspositionen?

BEISPIEL

Entwicklung der Gewinn- und Verlustrechnung bei der Halder GmbH

Der Jahresüberschuss ist in beiden Jahren gleich hoch. Die Zusammensetzung der Erträge und Aufwendungen hat sich allerdings verändert. Die Umsatzerlöse haben sich positiv entwickelt. Die sonstigen betrieblichen Erträge sind stabil geblieben. Der Materialaufwand hat sich erhöht. Die Ursache liegt wahrscheinlich in dem höheren Materialbedarf für die gestiegenen Umsatzerlöse. Der Personalaufwand ist nur leicht gestiegen. Es gab also wahrscheinlich weder Neueinstellungen noch Entgelterhöhungen im vergangenen Jahr. Der sonstige betriebliche Aufwand, der den gesamten Block der Verwaltungskosten enthält, ist nur leicht gestiegen, vielleicht durch einen Mehraufwand an Büro- oder Werbematerial. Die Zinserträge sind gesunken, die Zinsaufwendungen gestiegen. Dieser Zusammenhang ergibt sich aus der Bilanz. Die verzinsliche Position Bank auf der Aktivseite ist gesunken (weniger Habenzinsen), die Darlehensposition auf der Passivseite ist gestiegen (mehr Sollzinsen).

Diese kurze Einführung war für Günter schon hochinteressant. Da sich sein Bankberater Wuchermann heute scheinbar kurz fassen kann und die Inhalte auf den Punkt bringt, wagt Kleinschmitt noch eine zweite Frage: „Auf welcher Basis wird so ein Jahresabschluss denn gemacht? Gibt es da gesetzliche Grundlagen oder wie sieht das aus?“

Wuchermann kramt wieder kurz in seiner Schreibtischschublade und legt dann, mit bedeutungsvollem Gesichtsausdruck, ein kleines Buch auf den Tisch. „Das ist das Handelsgesetzbuch, da steht alles drin, was den Jahresabschluss angeht. Es ist eines meiner Lieblingsbücher. Ich darf dir mal kurz einen Überblick geben.“ Günter hebt eigentlich ablehnend die Hand, aber Wuchermann blättert bereits und beginnt seinen Vortrag.

2 Die Rechtsgrundlagen des Jahresabschlusses

In diesem Kapitel erfahren Sie

1. wie das Handelsregister aufgebaut ist,
2. was die Grundsätze ordnungsgemäßer Buchführung (GoB) bedeuten,
3. wie das HGB den Ansatz von Vermögensgegenständen und Schulden regelt,
4. welche Konsequenzen die Rechtsform eines Unternehmens für seine Rechnungslegung hat,
5. inwieweit Unternehmen ihren Jahresabschluss offenlegen müssen.

2.1 Das Handelsgesetzbuch

Der Jahresabschluss wird auf der Basis der Regelungen im **Handelsgesetzbuch (HGB)** aufgestellt. Das HGB enthält das Sonderprivatrecht der Kaufleute. Es ist wiederum in einzelne sogenannte Bücher aufgeteilt.

Das **Erste Buch** klärt, wer Kaufmann ist und für wen die Regeln damit gelten. Es beschreibt auch das Handelsregister (Verzeichnis der Kaufleute), wer sich dort eintragen muss und wem die Einsicht in die Unterlagen des Handelsregisters erlaubt ist.

Das **Zweite Buch** beschreibt die Rechtsgrundlagen für bestimmte Handelsgesellschaften wie die Offene Handelsgesellschaft (OHG) und die Kommanditgesellschaft (KG). Hier werden Antworten gegeben auf die Fragen der Gründung, Geschäftsführung, Haftung und Gewinnverteilung bei diesen Gesellschaften. Die gleichen Fragen beantwortet ergänzend das GmbH-Gesetz für die Gesellschaft mit beschränkter Haftung (GmbH) und das Aktiengesetz für die Aktiengesellschaft (AG).

Speziell im **Dritten Buch** finden sich die Vorschriften zur Rechnungslegung und zwar unabhängig von der Rechtsform des Unternehmens. So wird in § 238 HGB jeder Kaufmann verpflichtet, über seine Geschäfte Bücher zu führen und in diesen seine Handelsgeschäfte und die Lage des Vermögens nach den Grundsätzen ordnungsgemäßer Buchführung darzustellen.

2.2 Die Grundsätze ordnungsgemäßer Buchführung

Diese **Grundsätze ordnungsgemäßer Buchführung** (GoB) beschreiben die grundsätzlichen Regeln, denen ein Jahresabschluss folgen muss, damit er seine Aufgaben erfüllen kann. Sie bilden also den Rahmen für alle Vorschriften der Rechnungslegung. Zu diesen Rahmengrundsätzen gehören z. B. die Prinzipien der

- Richtigkeit,
- Klarheit,
- Willkürfreiheit,
- Vollständigkeit und
- Einzelbewertung.

Prinzipien

Richtigkeit bedeutet, dass bei der Erstellung des Jahresabschlusses die gesetzlichen Regelungen berücksichtigt wurden und keine unwahren Angaben enthalten sind. **Klarheit** entsteht beim Leser des Jahresabschlusses dadurch, dass die Informationen in übersichtlicher Form dargestellt werden. **Willkürfreiheit** bedeutet, dass zulässige Wahlrechte beim Ansatz und der Bewertung von Bilanzpositionen nicht zur bewussten Bilanzpolitik genutzt werden dürfen. Wenngleich ein Unternehmen gerne auf die Darstellung der einen oder anderen Verpflichtung verzichten würde, fordert der Grundsatz der **Vollständigkeit,** dass alle Vermögensgegenstände, Schulden, Aufwendungen und Erträge erfasst und dargestellt werden.

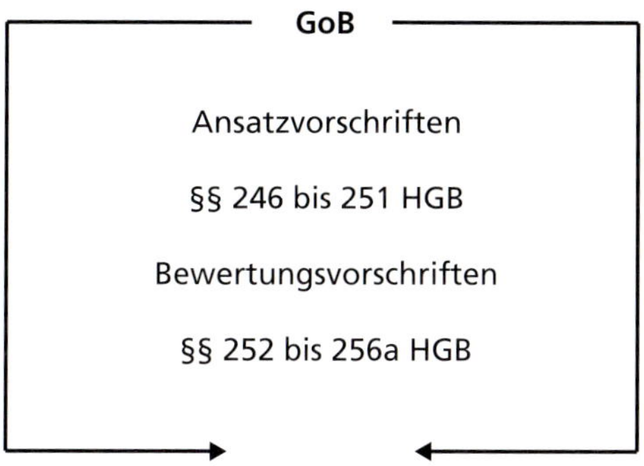

Alle Detailfragen zum Ansatz von Vermögensgegenständen und Schulden, also „was darf als Vermögensgegenstand angesetzt werden und was muss als reale oder potentielle Verpflichtung berücksichtigt werden," sind in den §§ 246 bis 251 unter dem Titel **Ansatzvorschriften** im Dritten Buch beantwortet.

Erlaubt das HGB in den §§ 246 bis 251 HGB den Ansatz eines Gegenstandes, z. B. eines Fahrzeugs, als Vermögensgegenstand in der Bilanz, stellt sich als zweite Frage, mit welchem Wert der Vermögensgegenstand in der Bilanz angesetzt werden darf. Diese Fragen werden in den §§ 252 bis 256a HGB, den **Bewertungsvorschriften,** beantwortet.

Prüfschema

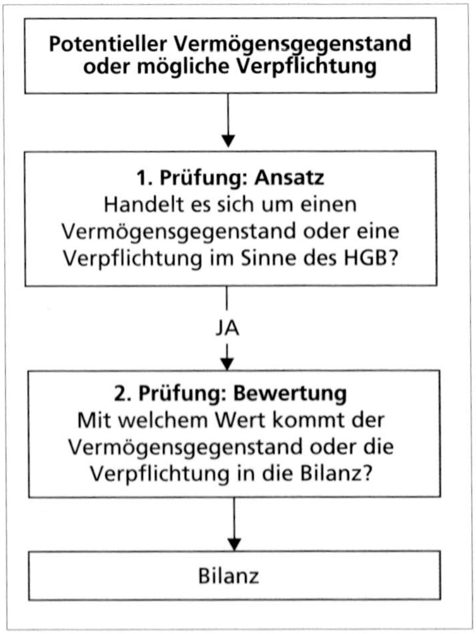

Mit dem Aufbau des HGB hat sich der deutsche Gesetzgeber also für ein übersichtliches System entschieden, bei dem eine begrenzte Anzahl von vordefinierten Paragraphen alle Antworten auf die Fragen der Bilanzierung geben.

Bei der Ausgestaltung der Vorschriften im Detail musste sich der Gesetzgeber allerdings für einen der beiden Hauptinteressenten (Eigner und Gläubiger) am Jahresabschluss entscheiden, denn die unterschiedliche Interessenlage führt zu unterschiedlichem Informations- und Ausgestaltungsbedürfnissen und damit zu unterschiedlichen Antworten auf die Fragen von Ansatz und Bewertung.

Die **Gläubiger** stehen immer wieder vor Fragen wie: Wie hoch ist die Wahrscheinlichkeit, dass ich mein Geld wiederbekomme bzw. soll ich diesem Unternehmen weitere Darlehen gewähren? Soll ich weiterhin mit dem Unternehmen in Liefer- und Leistungsbeziehungen treten? Gläubiger sind sehr an der Haftungssubstanz und der Schuldentilgungsfähigkeit des Unternehmens interessiert. Der Anspruch der Gläubiger an ein Rechnungslegungssystem ist folglich eine konservative Darstellung des Unternehmensvermögens (das Vermögen ist in Wirklichkeit eher mehr wert). Schulden sollen eher zu hoch als zu gering ausgewiesen werden. Erträge sollten erst ausgewiesen werden, wenn sie ganz sicher entstanden sind,

Aufwendungen hingegen sollen schon Berücksichtigung finden, wenn sie mit hoher Wahrscheinlichkeit entstanden sind. Diese Vorgehensweise würde der Sicherung der Haftungssubstanz der Gläubiger dienen, denn der ausschüttbare Gewinn wäre sehr konservativ ermittelt.

Dem entgegen stehen die Bedürfnisse der **Eigner**. Sie beschäftigen sich mit Fragen wie: Hat sich das von mir investierte Kapital risikogerecht verzinst oder hätte ich das Kapital besser auf einem Sparbuch angelegt? Wurde womöglich Kapital vernichtet? Soll ich zukünftig mehr Eigenkapital einlegen oder das bestehende Engagement reduzieren? Welche Erträge wurden womit erzielt und welche Aufwendungen haben den Gewinn geschmälert? Die Eigner wollen folglich ein möglichst realitätsnahes Bild der Vermögens-, Finanz- und Ertragslage.

Der Deutsche Gesetzgeber hat sich entschieden. Er definiert den **Gläubiger** als den primären Adressaten und als Schutzbedürftigen **(Gläubigerschutz)** im deutschen Recht. Die Konsequenz dieser Entscheidung zeigt sich vor allem in zwei Prinzipien, die nicht explizit in einem Paragraphen genannt werden, sondern sozusagen als Grundphilosophie hinter allen Einzelregelungen stehen: das Realisations- und das Vorsichtsprinzip.

Das **Realisationsprinzip** gibt Antwort auf die Frage, wann ein **Ertrag** als realisiert gelten darf. Die Frage nach dem Zeitpunkt stellt sich natürlich ganz zentral zum Stichtag des Jahresabschlusses. Je nachdem, wie der Zeitpunkt definiert ist, wird der Überschuss des Geschäftsjahres höher oder niedriger ausfallen.

Wuchermann hält erstmals inne und schaut Günter, der ihm mit offenem Mund gegenübersitzt, tief in die Augen. „Ich weiß, das ist jetzt alles ganz schön viel auf einmal, aber man muss sich eben einmal mit der Theorie beschäftigen, damit man später die Praxis versteht. Apropos Praxis, ich gebe dir mal ein Beispiel zum Realisationsprinzip."

BEISPIEL

Beispiel zum Realisationsprinzip

Andreas Bauer gestaltet seinen Garten neu. Er kauft am Montag beim Gärtner Herbert Wurz 40 Kirschlorbeerbäume und bezahlt die Pflanzen bar. Die Lieferung ist im Preis enthalten und erfolgt gemäß mündlicher Vereinbarung am kommenden Samstag zu ihm nach Hause. Darf Gärtner Herbert Wurz am Montag den Umsatzerlös bereits buchen und den damit (hoffentlich) erzielten Verkaufsgewinn als realisiert sehen?

Er darf es nicht. Ein Ertrag gilt nach dem HGB erst dann als realisiert, wenn der Kaufmann all das getan hat, zu dem er sich rechtlich verpflichtet hat. Herbert Wurz hat sich zur Lieferung der Ware frei Haus am Samstag verpflichtet. Der Realisationszeitpunkt ist also erst am Samstag.

MERKE

Wichtig

Der Realisationszeitpunkt ist grundsätzlich unabhängig vom Zeitpunkt der Zahlung zu sehen!

„Hast du das verstanden?" Günter nickt. „Gut, dann machen wir das ab jetzt immer mit einem Beispiel. Weiter geht's."

Das zweite zentrale Prinzip, neben dem Realisationsprinzip, ist das **Vorsichtsprinzip.** Es gibt Antwort auf die Frage, wann ein **Aufwand** als verursacht gelten muss. Nach dem Vorsichtsprinzip wird ein Aufwand bereits dann in der Gewinn- und Verlustrechnung eingebucht, wenn seine Verursachung wahrscheinlich oder sicher ist, die Verpflichtung aber durchaus hinsichtlich ihrer Höhe oder des Zeitpunkts ihres Eintritts noch unbestimmt ist.

BEISPIEL

Beispiel zum Vorsichtsprinzip

Gärtner Herbert Wurz hat 300 Sack selbst produzierten Spezialdünger für insgesamt € 6.000 verkauft. Seine eigenen Rosenpflanzungen sind zwischenzeitlich, wahrscheinlich aufgrund der Anwendung des eigenen Spezialdüngers, zerstört. Noch haben sich keine Kunden mit Regressforderungen bei ihm gemeldet. Muss Herbert Wurz den potentiellen Schaden trotzdem als bereits verursacht betrachten und buchhalterisch berücksichtigen?

Ja. Nach dem Vorsichtsprinzip muss er die Höhe der potentiellen Verpflichtung schätzen und in den Jahresabschluss als potentielle Verpflichtung (sogenannte Rückstellung) aufnehmen.

Die Kombination beider Kriterien führt damit zu einem sehr konservativen Bild der Vermögens-, Finanz- und Ertragslage. Das dargestellte Vermögen ist in der Realität eher mehr wert, die Schulden sind eher geringer, die Erträge potentiell höher und die Aufwendungen eher niedriger. Aus der Sicht des Gläubigers, als primärem Adressaten, ist diese Vorgehensweise gerechtfertigt.

Wuchermann lehnt sich zufrieden in seinem Sessel zurück und fragt: „Und, hast du noch weitere Fragen?" Günter Kleinschmitt lehnt mit einem ebenfalls zufriedenen Lächeln ab, bedankt und verabschiedet sich und verlässt die Bank.

Er setzt sich in ein Café und lässt das Gehörte nochmals Revue passieren. Gut, dass er sich die gesetzlichen Grundlagen und die Systematik nicht selbst erarbeiten musste. Das hätte sicherlich viel Zeit gekostet. Dennoch, am Montag wird die Geschäftsleitung dem Betriebsrat alle möglichen Zahlen um die Ohren hauen und damit wahrscheinlich wesentliche Einschnitte für die Mitarbeiter begründen. Er denkt „Ich muss mir unbedingt ein fundiertes, eigenes Bild der wirtschaftlichen Lage unserer Firma machen. Dafür brauche ich mehr Fachwissen und natürlich den Jahresabschluss selbst. Bleibt allein die Frage, ob ich als Betriebsrat überhaupt den vollständigen Jahresabschluss zu sehen bekomme, oder ob er uns mit dem Argument der Geheimhaltung vorenthalten werden kann?" Mit dieser offenen Frage steigt Günter in den Stadtbus und fährt nach Hause.

Am Samstag ist das Glück auf Günters Seite. Er trifft auf einer Hochzeit seine Schulfreundin und erste Jugendliebe Manuela Weiss nach langen Jahren wieder. Im Verlauf des angeregten Gesprächs erfährt er, dass Manuela noch nicht verheiratet ist und zwischenzeitlich als Steuerberaterin arbeitet. Er erzählt ihr daraufhin sofort die aktuelle Situation bei den Murnauer Metallwerken, seine Not mit der Jahresabschlussanalyse und seine Bedenken zur Offenlegung des Jahresabschlusses. Das Gespräch nimmt seinen Lauf und während eines längeren Spaziergangs zwischen Mittagessen und Kaffee und Kuchen erklärt ihm Manuela kurz und prägnant, was er zum Thema Umfang und Offenlegung des Jahresabschlusses für kommende Woche wissen muss.

2.3 Umfang und Offenlegung des Jahresabschlusses

Bis wann ein Jahresabschluss nach dem Stichtag fertig gestellt sein muss, wie umfangreich die Unterlagen und ergänzenden Informationen sein müssen, ob ein Jahresabschluss sich noch gesondert einer unabhängigen Prüfung zu unterziehen hat und vor allem, in welchem Umfang die Informationen veröffentlicht werden, ist abhängig von der **Rechtsform** und der **Größe** eines Unternehmens. Die verschiedenen Rechtsformen bieten den

Gläubigern nämlich sehr unterschiedliche Möglichkeiten, auf Vermögen und damit auf potentielle Haftungsmasse zuzugreifen. Teilweise kann nur auf das Vermögen der Gesellschaft selbst, teilweise auch auf das Privatvermögen der Gesellschafter zugegriffen werden. Die Unterschiedlichkeit in der „Bedrohungssituation“ der Gläubiger führt so zu einer Differenzierung hinsichtlich der Anforderungen an die Rechnungslegung bei den verschiedenen Rechtsformen.

Wer in Deutschland ein Unternehmen gründet, muss eine Rechtsform wählen. Die Auswahl der möglichen Rechtsformen ist dabei begrenzt. Die am meisten vertretenen Unternehmensformen stellt folgender Überblick dar:

Unternehmensformen:

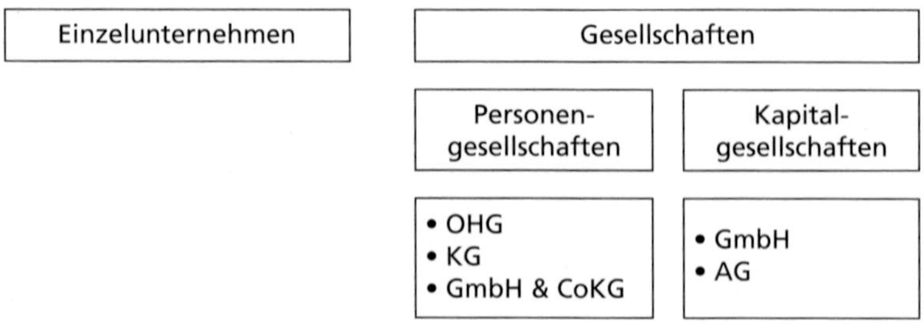

Die Ausgestaltung der Haftung ist die unmittelbare Ursache für den Umfang der Rechnungs- und Offenlegungsverpflichtung in den verschiedenen Unternehmensformen.

Beim **Einzelunternehmen** haftet der Einzelkaufmann selbst mit seinem gesamten Vermögen, d. h. mit seinem Unternehmens- und seinem gesamten Privatvermögen.

Die **Offene Handelsgesellschaft (OHG)** hat mindestens zwei Gesellschafter. Alle Gesellschafter haften hier unbeschränkt und gesamtschuldnerisch. Kann die OHG ihre Verpflichtungen nicht mehr erfüllen, können die Gläubiger also auch auf das Privatvermögen der Gesellschafter zugreifen (unbeschränkte Haftung). Gesamtschuldnerisch bedeutet das, dass jeder Gesellschafter für die gesamten Schulden der OHG haftet und nicht nur für einen bestimmten Anteil.

Die **Kommanditgesellschaft (KG)** zeichnet sich durch eine differenzierte Haftungssituation aus. Als Gesellschafter hat sie mindestens einen **Komplementär,** der wie ein OHG-Gesellschafter unbeschränkt haftet. Die anderen Gesellschafter, die sogenannten **Kommanditisten,** haften nur mit ihrer Einlage. Ein Kommanditist, der einmalig z. B. € 20.000 als Gesellschafteranteil in die Gesellschaft eingebracht hat, kann also später von den Gläubigern der KG nicht mehr belangt werden.

Die **Gesellschaft mit beschränkter Haftung (GmbH)** und die **Aktiengesellschaft (AG)** sind sogenannte **juristische Personen.** Juristische Personen können wie natürliche Personen alle denkbaren Rechtsgeschäfte (z. B. Kaufverträge oder Arbeitsverträge) abschließen. Eine juristische Person besitzt natürlich auch eigenes Vermögen. Als juristische Person wird die Gesellschaft durch einen Geschäftsführer bei der GmbH bzw. einen Vorstand bei der AG vertreten. Im Haftungsfall können die Gläubiger damit nur auf das Vermögen zugreifen, das die juristische Person selbst hat. Auf das Privatvermögen der Gesellschafter, denen die Gesellschaft gehört, kann nicht zugegriffen werden.

Die Unterschiedlichkeit der Bedrohungssituation für die Gläubiger resultiert also aus der unterschiedlichen Haftungssituation bei den Unternehmensformen. Der Gläubigerschutz ist das zentrale Thema in der deutschen Rechnungslegung. Abhängig von der **Rechtsform** und der **Größe** des Unternehmens hat der Jahresabschluss deshalb zusätzliche Elemente, wie den Anhang und den Lagebericht.

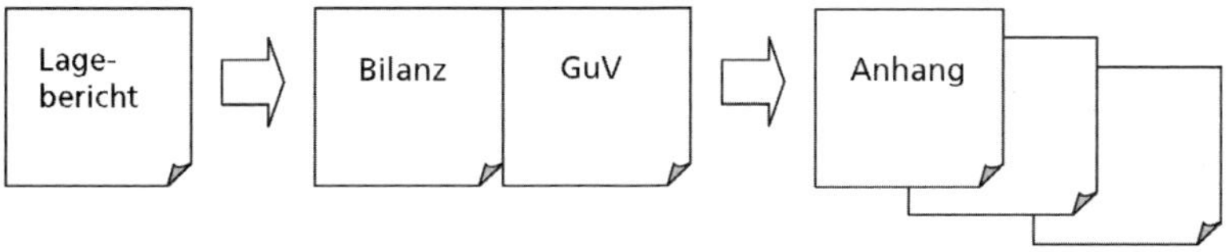

Der **Anhang** liefert den Gläubigern zum einen tiefere Informationen zu einzelnen Positionen der Bilanz und der GuV. Die Forderungen und Verbindlichkeiten des Unternehmens werden beispielsweise im Anhang nochmals nach ihrer Fälligkeit aufgegliedert. Der Anhang liefert auch zusätzliche Informationen, die nicht aus der Bilanz und der GuV ersichtlich sind. So werden beispielsweise die Anzahl der durchschnittlich beschäftigten Mitarbeiter oder die Bezüge der Geschäftsführung genannt.

Der **Lagebericht** wird von den gesetzlichen Vertretern der Gesellschaft verfasst. Nach § 289 HGB müssen sie den Geschäftsverlauf so darstellen, dass dem Leser ein den tatsächlichen Verhältnissen entsprechendes Bild der Lage der Gesellschaft vermittelt wird. Dabei müssen sie auch auf Risiken der zukünftigen Entwicklung eingehen.

Die Rechtsform und die Größe bestimmen auch darüber, ob der Abschluss zusätzlich noch von einem Wirtschaftsprüfer geprüft und/oder offen gelegt werden muss. **Prüfungspflicht** bedeutet, dass ein Wirtschaftsprüfer den Jahresabschluss nochmals danach prüfen muss, ob die gesetzlichen Bestimmungen eingehalten wurden. Er prüft auch, ob der Lagebericht insgesamt eine zutreffende Vorstellung von der Lage der Gesellschaft vermittelt. Der Abschlussprüfer fasst das Ergebnis seiner Prüfung in einem **Bestätigungsvermerk** zusammen. Hat die Prüfung zu keinen Einwendungen geführt, wird ein sogenannter „uneingeschränkter" Bestätigungsvermerk erteilt. Art, Umfang und Ergebnis der Prüfung werden zusätzlich in einem **Prüfungsbericht** zusammengefasst. Detailliert beschreibt das HGB in den §§ 316 bis 324a das Thema Prüfung.

Die gesetzlichen Vertreter einer Kapitalgesellschaft müssen den Jahresabschluss beim elektronischen Bundesanzeiger einreichen (www.bundesanzeiger.de). Die Einsicht ist jedem gestattet. Diese **Offenlegungspflicht** wird nach Art und Umfang in den §§ 325 bis 329 HGB beschrieben.

Zu beachten ist, dass auch Einzelkaufleute und Personengesellschaften zu einer Rechnungslegung im Umfang einer Kapitalgesellschaft gezwungen sind, wenn sie gemäß dem **Publizitätsgesetz (PublG)** bestimmte Größenordnungen nach Bilanzsumme, Umsatzerlösen und Anzahl der Arbeitnehmer überschreiten.

„Hochinteressant", sagt Günter am Ende des Spaziergangs vor sich hin, „man müsste mal eine einfache Übersicht haben, um das eigene Unternehmen einordnen zu können." „Kein Problem", antwortet Manuela Weiss, „ich sende dir morgen per Mail eine Übersicht zu." „Und ich könnte auch jemanden brauchen, der mir bei meiner ersten Analyse zur Seite steht und mir die Details erklärt", ergänzt Günter. „Auch kein Problem. Einer meiner Kunden arbeitet für ifb-Consult. Er hat sich mit Kollegen auf die Begleitung von Betriebsräten in wirtschaftlichen Fragen spezialisiert. Ich schicke dir seine Telefonnummer mit."

Tatsächlich, am kommenden Tag gehen zwei Übersichten und die Telefonnummer bei Günter ein. Er druckt sie aus und beginnt sein Unternehmen einzuordnen.

Übersicht 1:
Einordnung der Unternehmen in Größenklassen nach § 267 HGB

Merkmale	Kleine Kapitalgesellschaften	Mittlere Kapitalgesellschaften	Große Kapitalgesellschaften
Bilanzsumme (Euro)	6.000.000	bis 20.000.000	über 20.000.000
Umsatz (Euro)	12.000.000	bis 40.000.000	über 40.000.000
Mitarbeiter	bis 50	bis 250	über 250

Übersicht 2:
Aufstellungs- und Offenlegungspflichten, Form der Veröffentlichung, Prüfungspflicht

	Kleine Kapitalgesellschaften	Mittlere Kapitalgesellschaften	Große Kapitalgesellschaften
1. Aufstellungsfristen, § 264 HGB			
Bilanzaufstellung	6 Monate	3 Monate	3 Monate
Feststellung Jahresabschluss GmbH	11 Monate	8 Monate	8 Monate
AG/KGaA	8 Monate (bis zur ordentlichen Hauptversammlung)		
2. Gliederung			
Bilanz	§§ 255, 266 Abs. 3	§§ 255, 266 Abs. 1.2	§§ 255, 256, 266 Abs. 1.2
GuV	§§ 275, 276	§§ 275, 276	§ 275

3. Offenlegungsfristen, § 325 HGB			
Frist	12 Monate	12 Monate	12 Monate
4. Offenlegungsform, §§ 325, 326 HGB			
Bilanz	Elektronischer Bundesanzeiger	Elektronischer Bundesanzeiger	Elektronischer Bundesanzeiger
Gewinn- und Verlustrechnung	Nein	Elektronischer Bundesanzeiger	Elektronischer Bundesanzeiger
Anhang	Elektronischer Bundesanzeiger	Elektronischer Bundesanzeiger	Elektronischer Bundesanzeiger
Lagebericht	Nein	Elektronischer Bundesanzeiger	Elektronischer Bundesanzeiger
5. Prüfungsbericht, § 316 HGB			
Prüfung	Nein	Ja	Ja

MURNAUER METALLWERKE

Beispiel zu Umfang und Offenlegung

Die Metallwerke Murnau GmbH ist eine Kapitalgesellschaft. Günter fragt sich, ob sie als klein, mittel oder groß gilt. Die Bilanzsumme kennt Günter nicht, er hat aber immer wieder von Umsatzerlösen in der Größenordnung von € 140 Mio. auf der Betriebsversammlung gehört. Die Mitarbeiterzahl kennt er natürlich. Sie liegt bei 910. Laut der Tabelle arbeitet er also in einer großen Kapitalgesellschaft, die eine Bilanz nach dem vollen Gliederungsschema des § 266 HGB und eine GuV nach dem vollen Schema des § 275 HGB, einen Anhang und einen Lagebericht innerhalb von drei Monaten aufstellen muss. Der Jahresabschluss ist sogar prüfungspflichtig und es muss auch einen Prüfungsbericht geben. Der Jahresabschluss muss veröffentlicht werden und zwar speziell im elektronischen Bundesanzeiger, bei dem jeder Einsicht in die Unterlagen nehmen darf.

Damit ist das Argument der Geheimhaltung für Günter vom Tisch. Sollte er den Jahresabschluss nicht direkt von der Geschäftsführung bekommen, wird er ihn direkt beim Bundesanzeiger herunterladen.

Es ist Montag:

Am Montag um 11 Uhr ist ein Treffen zwischen Geschäftsleitung und Betriebsrat angesetzt. Herr Steinbeisser, der Geschäftsführer und Frau Dr. Iris Wender, zuständig für Human Ressources, wie sich die Personalabteilung seit Neuestem nennt, erscheinen mit einer Verspätung von 20 Minuten. Begleitet von einem frostigen „Guten Morgen" schaltet Steinbeisser sein Laptop mit Beamer ein und beginnt: „Wenn Sie am Freitag die Zeitung gelesen haben, dann wissen Sie, warum wir hier zusammensitzen. Die Murnauer Metallwerke müssen in diesem Jahr erstmals in der Firmengeschichte einen herben Verlust verkraften. Wir haben die Roland Taler Unternehmensberatung, bei der ich ja früher gearbeitet habe, beauftragt, die Ursachen zu analysieren und Handlungsmöglichkeiten aufzuzeigen. Zu den Ursachen: Unsere Konkurrenz aus Osteuropa und China liefert inzwischen die gleiche Qualität bei gleicher Zuverlässigkeit zu günstigeren Preisen. Dabei ist unser Hauptproblem die Personalkostenbelastung. Dieses Thema habe ich, wenn Sie sich erinnern wollen, bereits seit Jahren in jeder Besprechung problematisiert. Heute stehen Ihnen allerdings keine Handlungsoptionen mehr offen. Entweder Sie reagieren sofort oder die Murnauer Metallwerke werden in einem Jahr die Pforten an diesem Standort schließen. Zu den unumgänglichen Veränderungen, die die Arbeitsplätze vorläufig sichern werden, gebe ich das Wort nun an Frau Dr. Wender."

„Wir brauchen im Personalbereich Einsparungen von zwölf Millionen. Wir erreichen diese Größenordungen durch folgende Maßnahmen:

1. Arbeitszeitverlängerung von 38 auf 42 Stunden.
2. Zuschläge für Schicht- und Wochenendarbeit werden nicht mehr bezahlt.
3. Das Weihnachts- und Urlaubsgeld wird ausgesetzt.
4. Arbeitsverdichtung: 120 Stellen werden abgebaut.

Sie wissen, dass die Situation für uns alle nicht angenehm ist. Wenn wir jetzt allerdings gut zusammenwirken, können wir die Murnauer Metallwerke wieder auf Kurs bringen. Wir zählen darauf, dass Sie die notwendigen Anpassungen nicht blockieren. Wir haben Ihnen alle wichtigen Unterlagen, darunter auch eine vollständige Kopie des aktuellen Jahresabschlusses, hier als Handout vorbereitet. Wir wollen das Sanierungskonzept in zehn Tagen den Banken und natürlich den Mitarbeitern sowie der lokalen Presse präsentieren. Bitte machen Sie Ihre Hausaufgaben. Wir treffen uns wieder am kommenden Montag zur gleichen Zeit in unseren Räumen. Noch Fragen?" Schweigen im Raum. „Dann noch einen erfolgreichen Montag. Auf Wiedersehen.“ Lothar Steinbeisser und Dr. Iris Wender verlassen den Raum.

Jetzt beginnt eine lautstarke Diskussion unter den anwesenden Betriebsratsmitgliedern. Günter Kleinschmitt schlägt Projektgruppen für die anstehenden Themen vor. Leider meldet sich außer ihm selbst niemand für das Thema „Wirtschaftliche Analyse“. Er muss es wohl alleine leisten. Am Nachmittag ruft er bei Werner Württemberger von der Beratergruppe an, die ihm Manuela Weiss empfohlen hat. Er vereinbart einen Termin mit ihm für Mittwoch.

Der Jahresabschluss im Detail

3

In diesem Kapitel erfahren Sie

1. wie die Aktiv- und Passivseite der Bilanz im Detail aufgebaut sind,
2. mit welchen Bilanzpositionen Bilanzpolitik gemacht werden kann und
3. viele Fachbegriffe zu einzelnen Bilanzpositionen: von Stillen Reserven und Abschreibungen bis zu Gewinnabführungsverträgen.

Mittwoch: Pünktlich um 9 Uhr startet Günter, zusammen mit Werner Württemberger seine erste Bilanzanalyse. „Eine Bilanz erschließt man sich im Detail am besten," sagt Württemberger, „wenn man alle Bilanzpositionen nach diesen Kriterien durchleuchtet":

- **Inhalt/Bedeutung:** Was beinhaltet bzw. bedeutet diese Bilanzposition?
- **Ansatz:** Welche Ansatzkriterien müssen erfüllt sein, damit ein Vermögensgegenstand dieser Art bzw. eine Verpflichtung dieser Art angesetzt werden darf oder muss?
- **Bewertung:** Welcher Wert muss den einzelnen Vermögensgegenständen und Verpflichtungen im Zeitablauf gegeben werden?
- **Informationen im Anhang:** Welche Informationen finden sich noch im Anhang?
- **Bilanzpolitik:** Kann aufgrund von Ansatz- oder Bewertungswahlrechten mit dieser Bilanzposition Bilanzpolitik gemacht werden und wenn ja wie?
- **Praxisbeispiel:** Wie sieht das in der Bilanz der Murnauer Metallwerke GmbH aus?

„Hört sich gut an," sagt Kleinschmitt, „so machen wir das. Aber was bedeutet **Bilanzpolitik?** Heißt das etwa, dass der Gewinn, den ich im Jahresabschluss sehe, nicht dem wirklich erzielten Gewinn entsprechen muss?"

„**Bilanzpolitik** bedeutet," sagt Württemberger, „dass der Bilanzierende durch rechtliche Gestaltung der Rahmenbedingungen oder die Ausnutzung von Wahlrechten im HGB die Möglichkeit nutzt, den Jahresabschluss für einen bestimmten Zweck zu gestalten. Diese Gestaltungsspielräume müssen im HGB kraft seiner Struktur eingeräumt werden. Das HGB bildet den rechtlichen Raum für Unternehmen mit den unterschiedlichsten Geschäftsmodellen aus verschiedenen Branchen. Die Bilanzierenden müssen daher die Möglichkeit haben, durch Ermessensspielräume den Geschäftsverlauf und die Vermögens-, Finanz- und Ertragslage ihres Unternehmens möglichst exakt abzubilden. Die bewusste Ausnutzung der Wahlrechte, um ein abweichendes Bild der Vermögens-, Finanz- und Ertragslage zu zeichnen, z. B. um einen potentiellen Käufer vom Wert des Unternehmens zu überzeugen, ist nicht erlaubt. Die Grenzen zwischen beiden Arten der Bilanzpolitik sind in der Praxis allerdings nicht exakt gezogen und lassen sich letztlich auch nicht bestimmen. Im Klartext: Bilanzpolitik wird natürlich gemacht. Das ist aber gar kein Problem, wenn man alle Tricks kennt. Und diese Tricks wollen wir ja in den kommenden Stunden kennen lernen."

Zur Rechten ein HGB, den § 266 HGB aufgeschlagen, zur Linken einen Taschenrechner und in der Mitte den aktuellen Jahresabschluss der Murnauer Metallwerke GmbH liest Kleinschmitt laut vor:

Hinweis

MERKE

Den Jahresabschluss finden Sie diesem Buch beigefügt auf einem separaten Blatt. Es ist hilfreich, wenn Sie diesen beim Lesen zur Hand nehmen.

3.1 Die Bilanz – Aktivseite: Anlagevermögen

3.1.1 Immaterielle Vermögensgegenstände

„Selbst geschaffene bzw. entgeltlich erworbene gewerbliche Schutzrechte, Patente, Lizenzen ..." Mit hochgezogenen Augenbrauen schaut Kleinschmitt Werner Württemberger an und fragt: „Und was ist das jetzt?" „Gehen wir zunächst auf die selbst geschaffenen immateriellen Vermögensgegenstände und ähnliche Rechte und Werte ein", sagt Württemberger „sie sind schnell erklärt."

1. Selbst geschaffene immaterielle Vermögensgegenstände

Inhalt/Bedeutung: Typische Beispiele für selbst geschaffene immaterielle Vermögensgegenstände des Anlagevermögens sind selbst entwickelte Software, selbst entwickelte Patente oder auch Technologien, die gewerblich bereits geschützt sind oder sich bereits in der Entwicklung befinden und zukünftig geschützt werden sollen. Das Besondere an dieser Bilanzposition ist, dass hier Vermögensgegenstände aktiviert werden, deren Werthaltigkeit sich nicht über einen Preis am Markt bestätigt hat. Aus Sicht der Nutzer einer Bilanz stellen sich deshalb vor allem zwei Fragen:

- Handelt es sich hier wirklich um verwertbare Vermögensgegenstände und
- was sind diese Vermögensgegenstände wert?

Ansatz: Selbst geschaffene immaterielle Vermögensgegenstände können gemäß § 248 Abs. 2 HGB als Aktivposten in die Bilanz aufgenommen werden. Explizit nicht aufgenommen werden dürfen nach § 248 Abs. 2 HGB selbst geschaffene Marken, Drucktitel, Verlagsrechte, Kundenlisten oder vergleichbare immaterielle Vermögensgegenstände.

Voraussetzung für die Aktivierbarkeit ist, dass das gewerbliche Schutzrecht entweder bereits erteilt ist oder sich die Entwicklung des Schutzrechts schon sehr konkret abzeichnet. Aufwendungen für allgemeine Forschungsvorhaben können also nicht als Vermögensgegenstand angesetzt werden, weil daraus zunächst kein konkret verwertbarer Vermögensgegenstand entsteht. Für die Unterscheidung von allgemeinen Forschungsaufwendungen und konkreten Entwicklungsprojekten dienen zusätzliche Prüfungskriterien:

1. Ist die Entwicklung technisch realisierbar und allgemein durchführbar?
2. Besteht die Absicht der Fertigstellung bzw. Vermarktung?
3. Hat das Unternehmen die Fähigkeit zur Nutzung bzw. Vermarktung?
4. Existiert ein externer oder interner Markt für die Nutzung?
5. Hat das Unternehmen die Ressourcen zum Abschluss der Entwicklung?
6. Sind die Aufwendungen der Entwicklung zuverlässig bestimmbar?

Sind diese Voraussetzungen erfüllt, dürfen die angefallenen Aufwendungen als immaterieller Vermögensgegenstand aktiviert werden.

Bewertung: Selbst geschaffene immaterielle Vermögensgegenstände sind nach § 253 Abs. 1 HGB höchstens mit ihren Herstellungskosten zu bewerten. Als Herstellungskosten gelten hier nach § 255 Abs. 2a HGB die Aufwendungen, die bei der Entwicklung angefallen sind.

Informationen im Anhang: Werden selbst erschaffene immaterielle Vermögensgegenstände aktiviert, so ist nach § 285 Nr. 22 HGB im Anhang der Gesamtbetrag der Forschungs- und Entwicklungskosten des Geschäftsjahres anzugeben, sowie der davon auf die selbst erschaffenen immateriellen Vermögensgegenstände des Anlagevermögens entfallende Betrag.

Bilanzpolitik: Die Möglichkeit zur Bilanzpolitik folgt aus der „Können"-Formulierung in § 248 Abs. 2 HGB. Werden die Aufwendungen nicht aktiviert, senken sie den Jahresüberschuss des Geschäftsjahres bzw. erhöhen den Jahresfehlbetrag. Werden sie hingegen in Form eines Vermögensgegenstandes in der Bilanz aktiviert, wird das Ergebnis in der GuV durch die entstandenen Aufwendungen nicht beeinflusst. Erst in den Folgejahren, wenn der Vermögensgegenstand abgeschrieben wird, kommt es dann zu einer Ergebniswirkung.

Bei der ersten Durchsicht der Bilanz hat Kleinschmitt diesen Posten in seiner Bilanz entdeckt. Er blättert nach und findet ihn unter den immateriellen Vermögensgegenständen.

MURNAUER METALLWERKE

Beispiel zu selbst erschaffenen immateriellen Vermögensgegenständen

In der Bilanz weisen die Metallwerke unter dieser Überschrift einen Wert von € 600.000 aus, Vorjahr € 0. Es hat also ein Vermögenszuwachs stattgefunden. Was aber genau hinter dieser Überschrift verborgen ist und was hier entwickelt und aktiviert wurde, kann aus der Bilanz nicht gesehen werden. Diese Informationen finden sich vielleicht im Anhang.

2. Entgeltlich erworbene gewerbliche Schutzrechte

Inhalt/Bedeutung: Typische Beispiele für entgeltlich erworbene gewerbliche Schutzrechte und ähnliche Rechte und Werte sind Lizenzen, Patente oder auch Software. Das Besondere an diesen Vermögensgegenständen ist, dass sie letztlich nicht greifbar sind wie ein materieller Vermögensgegenstand, also ein Tisch oder eine Maschine. Vielmehr liegt ihre eigentliche Bedeutung im immateriellen Bereich: Bei Software ist nicht der Datenträger der Vermögensgegenstand, sondern die darauf gespeicherte Software.

Ansatz: Alle Fragen zum **Ansatz von Vermögensgegenständen** werden in den §§ 246 bis 251 HGB beantwortet. Besonderes Augenmerk gilt hier dem § 248 HGB. Es gilt die Regel: Was hier nicht explizit als Bilanzierungsverbot beschrieben wird, ist erlaubt. Ergänzt wird diese allgemeine Regel lediglich durch die §§ 249 und 250 HGB, die explizite Aussagen zu Rückstellungen und Rechnungsabgrenzungsposten enthalten.

Im Fall der immateriellen Vermögensgegenstände trifft § 248 Abs. 1 HGB folgende Aussage: Für Aufwendungen für die Gründung des Unternehmens, die Beschaffung von Eigenkapital und für Aufwendungen für den Abschluss von Versicherungsverträgen, darf kein Aktivposten angesetzt werden. Es dürfen folglich alle immateriellen Vermögensgegenstände, die entgeltlich erworben wurden, im Anlagevermögen als Vermögensgegenstand angesetzt werden. Warum legt das Gesetz auf den entgeltlichen Erwerb dieser immateriellen Gegenstände so großen Wert? Aus

Gläubigersicht sind immaterielle Vermögensgegenstände schlecht einschätzbare Größen bei der Beurteilung der Haftungssubstanz. Ein Gläubiger fragt sich daher zu Recht, ob eine Lizenz, ein Patent, eine Software im Falle einer Liquidation überhaupt etwas wert ist. Soweit sie von einem fremden Dritten erworben wurden, gilt der Wert über den Kaufpreis als bestätigt.

Bewertung: Wenn der Ansatz eines Vermögensgegenstands erlaubt ist, stellt sich die Frage nach dem Wert, mit dem der Vermögensgegenstand in die Bilanz aufgenommen werden darf.

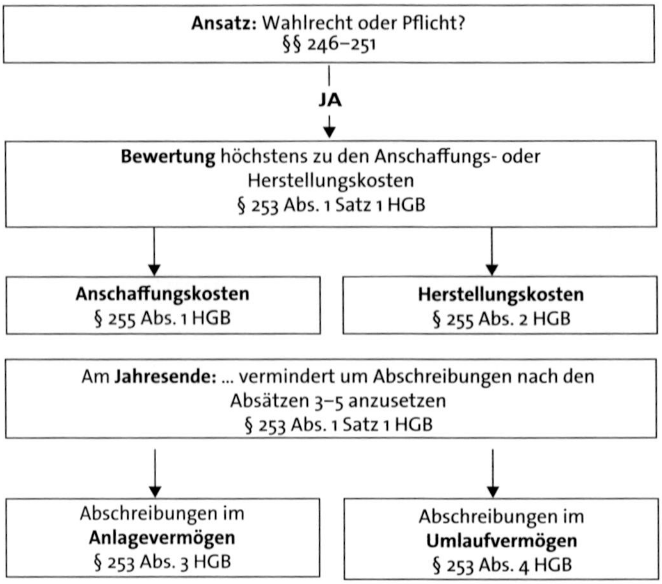

Im Zentrum der Bewertungsvorschriften §§ 252 bis 256 HGB steht § 253 HGB. Der Kernsatz lautet in § 253 Abs. 1 Satz 1 HGB: „Vermögensgegenstände sind höchstens mit den Anschaffungs- oder Herstellungskosten, vermindert um Abschreibungen nach den Absätzen 3 bis 5 anzusetzen." Im Zeitpunkt des Zugangs des Vermögensgegenstands sind zunächst nur die Anschaffungs- bzw. die Herstellungskosten relevant. Sie werden in § 255 Abs. 1 und 2 HGB beschrieben. Fragen der Abschreibung, also der Wertminderung durch Verschleiß, zeitliche Alterung etc., sind erst zu einem späteren Zeitpunkt relevant. Die Abschreibungsregeln für Vermögensgegenstände des Anlagevermögens sind in § 253 Abs. 3 HGB, jene für die Abschreibung von Vermögensgegenständen des Umlaufvermögens in § 253 Abs. 4 HGB beschrieben.

„Gut, soweit zum theoretischen Wissen. Wie sieht es jetzt bei den Metallwerken aus?“

MURNAUER METALLWERKE

Beispiel zu entgeltlich erworbenen immateriellen Vermögensgegenständen

In der Bilanz weisen die Metallwerke unter dieser Überschrift einen Wert von € 340.112 aus, Vorjahr: € 279.011. Es hat also ein Vermögenszuwachs stattgefunden. Was aber genau hinter dieser Überschrift verborgen ist und was gekauft wurde, kann aus der Bilanz nicht gesehen werden. Diese Informationen finden sich im Anhang bei den Angaben zum Anlagevermögen.

Günter Kleinschmitt beginnt im Anhang zu blättern. Nach den Allgemeinen Bilanzierungs- und Bewertungsgrundsätzen stößt er direkt auf die Überschrift Anlagevermögen. Hier steht: „Die immateriellen Vermögensgegenstände betreffen im Wesentlichen Patente und Software. Die Zugänge resultieren im Wesentlichen aus dem Kauf einer neuen Zeiterfassungssoftware.“

Günter überlegt. Von einer neuen Zeiterfassungssoftware hat er im vergangenen Jahr nichts gehört, speziell nicht im Betriebsrat. Damit steht für ihn schon die erste Frage fest, die mit der Geschäftsführung geklärt werden sollte.

Als nächste Position taucht unter den immateriellen Vermögensgegenständen ein Geschäfts-/Firmenwert auf. Was ist das?

3.1.2 Geschäfts- bzw. Firmenwert

Inhalt/Bedeutung: Ein bilanzieller Geschäfts- bzw. Firmenwert kann entstehen, wenn ein Unternehmen von einem anderen Unternehmen gekauft wird. Ein bilanzieller Firmenwert entsteht dann, wenn der Kaufpreis höher ist als der Substanzwert (Vermögensgegenstände abzüglich der Schulden) des gekauften Unternehmens. Der Mehrpreis rechtfertigt sich unter anderem, weil das gekaufte Unternehmen nicht aktivierte, selbst entwickelte Patente besitzt, hervorragend ausgebildete Mitarbeiter oder einen sehr guten Kundenstamm hat. All diese immateriellen Werte, die in der Bilanz nicht ersichtlich, aber durchaus für einen Kauf entscheidend sind, werden mit dem Kaufpreis abgegolten.

Ansatz: Der Ansatz ist nach § 246 Abs. 1 Satz 4 HGB verpflichtend, da es sich um einen immateriellen Vermögensgegenstand des Anlagevermögens handelt, der entgeltlich erworben wurde.

Bewertung: Nach § 255 Abs. 1 in Verbindung mit § 246 Abs. 1 Satz 4 HGB ist als Geschäftswert der Unterschiedsbetrag zwischen der erbrachten Gegenleistung, also dem Kaufpreis, und dem übernommenen, bilanziellen Nettosubstanzwert anzusetzen.

Der Geschäfts- und Firmenwert wird dann in den Folgejahren, wie andere Vermögensgegenstände auch, über seine voraussichtliche Nutzungsdauer abgeschrieben.

Informationen im Anhang: Soweit für den Geschäfts- und Firmenwert eine Nutzungsdauer von mehr als fünf Jahren unterstellt wird, muss nach § 285 Nr. 13 HGB erläutert werden, welche Gründe hierfür ausschlaggebend waren.

Bilanzpolitik: Die Möglichkeit zur Bilanzpolitik folgt aus der freien Wahl der Abschreibungsdauer. Je länger die unterstellte Nutzungsdauer, desto geringer sind die Abschreibungsbeträge und die Ergebnisbelastungen pro Jahr in den Folgeperioden.

MURNAUER METALLWERKE

Beispiel zum Firmenwert

Die Metallwerke weisen in ihrer Bilanz erstmals einen Firmenwert in Höhe von € 8,4 Mio. (Vorjahr € 0) aus. „Das bedeutet", rekapituliert Günter, „dass wir eine andere Firma gekauft haben und zwar war der Kaufpreis um € 8,4 Mio. höher als der Substanzwert dieser Firma. Es wurde zwar mal gemunkelt, dass wir einen Konkurrenten aus Bremen kaufen wollten, aber mir ist nichts bekannt. Das ist also noch eine Frage an die Geschäftsführung, wen wir da gekauft haben."

„Damit haben wir die immateriellen Vermögensgegenstände schon mal hinter uns. Verglichen mit diesen beiden Positionen sind alle anderen Bilanzpositionen leicht zu verstehen", sagt Werner Württemberger. „Sehen wir also weiter – hier kommen nach § 266 HGB die Sachanlagen."

3.1.3 Grundstücke, Gebäude

Inhalt/Bedeutung: Diese Position enthält Grundstücke, grundstücksgleiche Rechte, Bauten einschließlich jenen Bauten, die auf fremden Grundstücken stehen. Dabei ist zu beachten dass Grundstücke und Bauten, wenngleich auch baulich verbunden, in der Bilanz als zwei separate Vermögensgegenstände behandelt werden, die eine unterschiedliche Wertentwicklung nehmen können.

Ansatz: Diese Vermögensgegenstände dürfen angesetzt werden, wenn sie sich im rechtlichen Eigentum des Unternehmens befinden. Dieses rechtliche Eigentum entsteht im Rahmen des entgeltlichen Erwerbs (siehe § 248 HGB) oder der Einbringung des Vermögensgegenstands in das Unternehmen durch die Eigner.

Bewertung: Grundstücke sind im Zeitpunkt des Erwerbs mit den Anschaffungskosten, Gebäude mit den Anschaffungs- oder Herstellungskosten gemäß § 253 i.V.m. § 255 HGB anzusetzen. Im Zeitablauf werden Gebäude durch die Nutzung weniger wert. Diese Entwertung wird in Form der sogenannten **Abschreibung** berücksichtigt. Ebenso wie Personalaufwendungen oder der Aufwand für Materialverbrauch in die Gewinn- und Verlustrechnung eines Jahres eingehen, muss auch der Werteverzehr des Vermögens als Aufwand Jahr für Jahr berücksichtigt und einkalkuliert werden. Niemand kennt allerdings den genauen Werteverzehr einer Immobilie im Zeitablauf, bzw. wäre eine Wertfeststellung über ein jährlich zu erneuerndes Gutachten viel zu aufwendig. Das HGB erlaubt deshalb folgende Vereinfachung: Eine Immobilie wird innerhalb von 20 bis 30 Jahren komplett verbraucht und dieser Werteverzehr findet in gleichen Schritten statt. Dies ist eine sogenannte **lineare** Abschreibung (§ 253 Abs. 3 Satz 1 HGB). Brennt ein Gebäude allerdings, z. B. in Folge eines Blitzschlags ab, kommt es zu einer **außerplanmäßigen** Abschreibung (§ 253 Abs. 3 Satz 5 HGB), im Extremfall bis auf den Restwert Null.

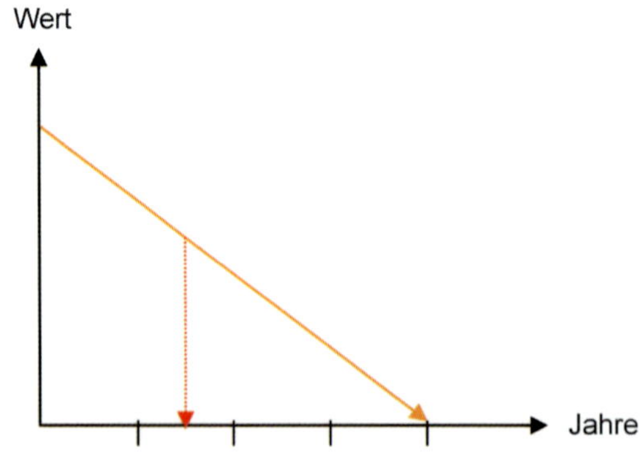

Informationen im Anhang: Die Informationen zu den Abschreibungsdauern der Immobilien finden sich unter der Überschrift „Allgemeine Bewertungs- und Bilanzierungsgrundsätze" am Anfang des Anhangs.

Bilanzpolitik: Bilanzpolitisch interessant ist vor allem der Fall der Grundstücke. Sie nehmen normalerweise im Zeitablauf an Wert zu und nicht ab. Deshalb werden Grundstücke auch nicht planmäßig abgeschrieben, sondern bleiben mit ihren Anschaffungskosten in der Bilanz stehen. Nur im Fall eines außerplanmäßigen Werteverfalls, etwa, wenn Altlasten entdeckt werden oder ein potentielles Baugrundstück zum Naturschutzgebiet erklärt wird, findet eine außerplanmäßige Abschreibung statt. Was aber, wenn ein Grundstück im Wert zunimmt? § 253 Abs. 1 Satz 1 HGB sagt hier unmissverständlich, dass Vermögensgegenstände höchstens mit ihren Anschaffungs- bzw. Herstellungskosten in der Bilanz stehen dürfen. Damit ist die absolute Obergrenze im Zeitablauf markiert **(Anschaffungskostenprinzip).** Eine Wertdifferenz zwischen niedrigem Buchwert und aktuellem Marktwert führt zu einer sogenannten **Stillen Reserve.** Diese Stillen Reserven sind weder in der Bilanz ersichtlich, noch werden sie im Anhang angegeben. Stille Reserven sind für Unternehmen außerordentlich nützlich. Wenn sie aufgedeckt werden, z. B. durch den Verkauf des Grundstücks, entsteht ein Ertrag in Höhe der Wertdifferenz mit dem andere Verluste ausgeglichen oder ein besonders erfolgreiches Bild des Unternehmens gezeichnet werden kann.

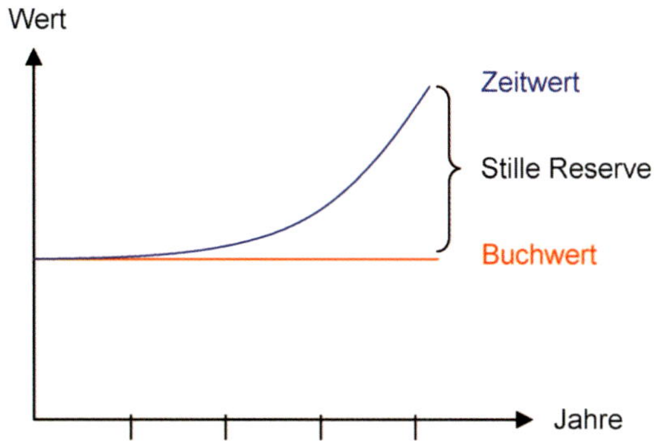

MURNAUER METALLWERKE

Beispiel zu Grundstücken und Gebäuden

Günter Kleinschmitt schaut in seinen Jahresabschluss. In der Bilanz stehen Grundstücke und Gebäude im Wert von € 4.890.200 (Vorjahr € 5.613.367). Diese Vermögensposition hat damit insgesamt abgenommen. Grund können Abschreibungen und Verkäufe sein. Es können aber auch Investitionen stattgefunden haben, die in dieser Differenz von rund € 0,7 Mio. saldiert sind. Günter blättert im Anhang im Bereich der Erläuterungen zum Anlagevermögen, findet aber keine Antwort auf seine Frage. Speziell zum Thema „Stille Reserven" gibt es keine Informationen. Wenn das Unternehmen derzeit unter Ertragsdruck steht und nicht benötigte Grundstücke mit Stillen Reserven vorhanden wären, könnten diese verkauft werden. Das würde kurzfristig Erleichterung bringen. Günter notiert sich die Frage zu den Grundstücken auf seinem Schreibblock. Beim Weiterblättern im Anhang stößt er auf der vorletzten Seite auf eine Übersicht, die mit „Anlagespiegel" betitelt ist und offensichtlich weitere Informationen zum gesamten Anlagevermögen liefert.

Der **Anlagenspiegel,** auch **Anlagegitter** genannt, ist eine spezielle Anhangsangabe mit der die Entwicklung des gesamten Anlagevermögens für das abgelaufene Geschäftsjahr dargestellt wird. Auf der Basis der Buchwerte zum 31.12. des Vorjahres werden folgende Bewegungen dargestellt:

- Zugänge im Anlagevermögen (Investitionen),
- Abgänge im Anlagevermögen (Desinvestitionen),
- Abschreibungen,
- Zuschreibungen.

MURNAUER METALLWERKE

Beispiel zum Anlagespiegel

Die Position „Grundstücke und Gebäude" hatte zum 1.1. des Geschäftsjahres einen Buchwert von € 5.613.367. Dieser Wert ergab sich aus historischen Anschaffungskosten zum 1.1. von € 17.586.297 und bereits vorgenommenen Abschreibungen in den Vorjahren bis zum 1.1. in Höhe von € 11.972.930. In diesem Jahr kam ein Grundstück oder ein Gebäude im Wert von € 2.130.000 dazu. Mit den Anschaffungskosten aus den Vorjahren haben alle Grundstücke und Gebäude folglich zusammen einen Kaufpreis von € 19.716.297 Mio. zum 31.12. Bis zum Anfang des Geschäftsjahres waren die Grundstücke und Gebäude bereits in Höhe von € 11.972.930 abgeschrieben. In diesem Jahr kam nochmals eine Abschreibung in Höhe von € 2.853.167 hinzu. Zum 31.12. des Geschäftsjahres ergibt sich folglich der Buchwert in Höhe von € 4.890.200 aus zwei Positionen: Den historischen Anschaffungskosten zum 31.12. mit € 19.716.297 abzüglich der kummulierten Abschreibung zum 31.12. in Höhe von € 14.826.097.

Damit ist für Günter seine Frage geklärt. Der Rückgang um rund € 0,7 Mio. resultiert aus der Differenz zwischen den Investitionen in Höhe von € 2,1 Mio. und Abschreibungen über ca. € 2,8 Mio. Das sind wiederum zwei Punkte für seine Frageliste an die Geschäftsführung. „Wo und was hat die Firma gekauft, zumal das Gelände der Murnauer Metallwerke nicht vergrößert wurde und auch kein neues Gebäude dazukam. Zweitens: Warum haben wir so hohe Abschreibungen in diesem Bereich?" Die Frage ist berechtigt, denn Abschreibungen schmälern als Aufwand das Gesamtergebnis, an dem die Arbeitsleistung der Belegschaft gemessen wird.

3.1.4 Technische Anlagen und Maschinen

Inhalt/Bedeutung: In dieser Bilanzposition finden sich alle technischen Anlagen und Maschinen wie Aufzüge, Förderanlagen, Produktionsstraßen, Pressen, Stanzen, Kesselanlagen usw.

Ansatz: Diese Vermögensgegenstände dürfen angesetzt werden, wenn sie sich im rechtlichen Eigentum des Unternehmens befinden. Dieses rechtliche Eigentum entsteht im Rahmen des entgeltlichen Erwerbs (siehe § 248 HGB) oder der Einbringung des Vermögensgegenstands in das Unternehmen durch die Eigner.

Bewertung: Wie bei den Immobilien sind im Zeitpunkt des Erwerbs die Anschaffungs- bzw. Herstellungskosten relevant. Der Werteverzehr der technischen Anlagen und Maschinen wird im Allgemeinen auch in Form der linearen Abschreibung berücksichtigt.

Informationen im Anhang: Die Informationen zu den unterstellten Nutzungsdauern und den gewählten Abschreibungsverfahren finden sich am Anfang des Anhangs, meist unter der Überschrift „Allgemeinen Bilanzierungs- und Bewertungsgrundsätze".

Bilanzpolitik: Bilanzpolitik lässt sich im Wesentlichen über die Wahl des Abschreibungsverfahrens und die unterstellte Nutzungsdauer machen. Je länger die unterstellte Nutzungsdauer ist, desto geringer ist der Einfluss der Abschreibung auf das Jahresergebnis.

MURNAUER METALLWERKE

Beispiel zu technischen Anlagen und Maschinen

In der Bilanz der Murnauer Metallwerke stehen die technischen Anlagen und Maschinen zum Stichtag mit einem Buchwert von € 9.621.550 (Vorjahr € 10.530.789). Auf den ersten Blick scheint das Unternehmen hier im vergangenen Jahr keine Investitionen getätigt zu haben. Günter blättert direkt wieder zum Anlagespiegel im Anhang. In der Spalte „Zugänge" bei den Anschaffungskosten steht tatsächlich eine Null. Also keine Investitionen. Dafür im Bereich der Abschreibungen Zugänge über € 909.239. „Kein gutes Zeichen", meint Günter, „wenn wir immer nur das Vermögen nutzen und nie neue Maschinen kaufen, haben wir bald einen veralteten Maschinenpark und sind nicht mehr konkurrenzfähig. Vielleicht ist das ja gewollt und das ist ein deutliches Signal?" Werner Württemberger gibt zu bedenken, dass Investitionen nicht in jedem Jahr erfolgen, jedoch über mehrere Jahre sehr wohl Investitionen in diesem Bereich wichtig sind. Günter ist zunächst beruhigt. Er macht sich aber auf Anraten folgende Notiz: Anlagespiegel der Vorjahre anschauen und Investitionen kontrollieren!

3.1.5 Andere Anlagen, Betriebs- und Geschäftsausstattung

Inhalt/Bedeutung: In der Bilanzposition „andere Anlagen und Betriebs-/Geschäftsausstattung", kurz BGA genannt, finden sich alle langfristig im Unternehmen genutzten Vermögensgegenstände, wie Büroausstattung, EDV-Hardware, Werkzeuge, Fahrzeuge etc.

Ansatz: Diese Vermögensgegenstände dürfen angesetzt werden, wenn sie sich im rechtlichen Eigentum des Unternehmens befinden. Dieses rechtliche Eigentum entsteht im Rahmen des entgeltlichen Erwerbs (siehe § 248 HGB) oder der Einbringung des Vermögensgegenstands in das Unternehmen durch die Eigner.

Bewertung: Im Zeitpunkt des Erwerbs gelten die Anschaffungs- oder Herstellungskosten und im Zeitablauf wird der Werteverzehr über die Abschreibung berücksichtigt. Im Besonderen sind hier die **Abschreibungen auf geringwerte Wirtschaftsgüter (GWG)** zu nennen. Als GWG gelten alle Vermögensgegenstände, die Nettoanschaffungskosten (Kaufpreis ohne Umsatzsteuer) zwischen € 150 und € 1.000 haben. Diese Vermögensgegenstände, wie beispielsweise Drucker, Stühle, Telefone usw., werden im Zugangsjahr in einem sogenannten Sammelposten zusammengefasst. Dieser Sammelposten wird dann, wie ein einheitlicher Vermögensgegenstand, über fünf Jahre abgeschrieben. Vermögensgegenstände unter € 150 können aufgrund ihrer geringen wertmäßigen Bedeutung sofort abgeschrieben werden.

Informationen im Anhang: Unter den Allgemeinen Bewertungs- und Bilanzierungsgrundsätzen finden sich die Angaben, wie die Betriebs- und Geschäftsausstattung abgeschrieben wird und speziell wie mit geringwertigen Vermögensgegenständen verfahren wird.

Bilanzpolitik: Bilanzpolitik ist zum einen möglich über die Wahl des Abschreibungsverfahrens und die unterstellte Nutzungsdauer. Zum anderen besteht hinsichtlich der Sofortabschreibung von GWG ein Wahlrecht. Sie dürfen auch aktiviert und der Aufwand darf auf mehrere Jahre verteilt werden.

MURNAUER METALLWERKE

Beispiel zur Betriebs- und Geschäftsausstattung

Günter schaut wieder in den Anlagespiegel, um die Abnahme von € 2,8 auf € 2,7 Mio. aufzuschlüsseln. Es wurde nur minimal mit € 29.019 investiert, aber zugleich wurde ein Betrag von € 188.695 abgeschrieben. Die Zugänge könnten durch die neuen Laptops des Vertriebs sowie die Neuausstattung der Kantine bedingt sein. Die Abschreibungen sind wahrscheinlich für ganz gewöhnliche Abnutzung. Jedenfalls sind die Investitionen in diesem Bereich niedriger als die Abschreibungen. Auch das gefällt Günter nicht.

Zwei neue Spalten tauchen allerdings in dieser Position im Anlagespiegel auf: Abgänge bei den Anschaffungskosten über € 917.300 und Abgänge bei den Abschreibungen über € 916.996. Wenn Vermögensgegenstände das Unternehmen verlassen, z. B. durch Verkauf oder Verschrottung, dann werden sie aus dem Anlagevermögen ausgebucht. Entsprechend werden sie auch aus dem Anlagespiegel ausgebucht. Dabei werden die historischen Anschaffungskosten, mit denen der Vermögensgegenstand ehemals eingebucht wurde, als Abgang wieder ausgebucht. Die Abschreibungen, die auf den Vermögensgegenstand bis zum Zeitpunkt des Ausscheidens aufgelaufen sind, werden als Abgänge bei den Abschreibungen ebenfalls ausgebucht. Sind die ausgebuchten Abschreibungen nahezu gleich hoch wie die ausgebuchten historischen Anschaffungskosten, handelt es sich um Vermögensgegenstände, die bereits fast vollständig abgeschrieben waren.

3.1.6 Finanzanlagen

Inhalt/Bedeutung: Im Bereich der Finanzanlagen finden sich zum einen langfristige Ausleihungen, also Darlehen, die das Unternehmen einem anderen Unternehmen oder auch einer Privatperson gewährt hat. Zum anderen finden sich hier Wertpapiere wie Aktien, GmbH-Anteile oder auch Fonds. Speziell die direkten Eigentumsanteile an anderen Unternehmen, wie Aktien und GmbH-Anteile, werden je nach Höhe des Kapitalanteils und der Einflussmöglichkeit unter drei verschiedenen Überschriften bilanziert.

Unter der Überschrift **Wertpapiere** befinden sich alle Eigenkapitalanteile, die zwar langfristig gehalten werden sollen, deren Umfang aber keine Einflussnahme auf das andere Unternehmen möglich macht (Streubesitz). Unter der Überschrift **Beteiligungen** stehen jene Eigenkapitalanteile, die dazu bestimmt sind, dem eigenen Geschäftsbetrieb durch Herstellung einer dauernden Verbindung zu dienen. Als Beteiligungen gelten solche Verbindungen spätestens dann, wenn die Grenze von 20 % am Eigenkapital überschritten wird. Auch Anteile an Personengesellschaften gelten sofort als Beteiligung. Sobald der Kapitalanteil die Grenze von 50 % überschreitet, lautet die Überschrift **Anteile an verbundenen Unternehmen.** Die Unterscheidung ist für einen Bilanzleser deshalb wichtig, weil durch die zunehmende kapitalmäßige Verflechtung auch Gefahren, Chancen und Einflussmöglichkeiten zwischen den Unternehmen entstehen. Geht ein solches

Unternehmen z. B. insolvent, entsteht aufgrund der Größe des Kapitalanteils ein wesentlicher Schaden im Vermögen des bilanzierenden Unternehmens. Ein Unternehmen, das mehr als 50 % der Stimmrechte an einem anderen Unternehmen hält, kann vor allem wesentlichen Einfluss auf dessen Geschäftspolitik nehmen. Diese Verbindung von zwei Unternehmen, die zwar rechtlich selbstständig, aber wirtschaftlich einheitlich geleitet werden, nennt sich **Konzern.** Im oben genannten Fall führt die Mehrheit der Stimmrechte zum sogenannten **faktischen Konzernverhältnis,** weil entgegen allen anders lautenden Beteuerungen über die Stimmrechtsausübung einheitlich geleitet werden kann. Ein Konzernverhältnis entsteht aber auch, wenn das Unternehmen zwar nur Minderheitseigner ist, mit den anderen Gesellschaftern aber ein **Beherrschungsvertrag** abgeschlossen wird. Darin verpflichten sich die anderen Anteilseigner ihre Stimmrechte zu übertragen oder auf die Ausübung zu verzichten. Gekoppelt sind diese Verträge üblicherweise mit einem **Gewinnabführungs- bzw. Verlustübernahmevertrag.** Hier entsteht ein sogenannter **Vertragskonzern.** Auch diese Kapitalanteile werden unter der Überschrift „Anteile an verbundenen Unternehmen" bilanziert.

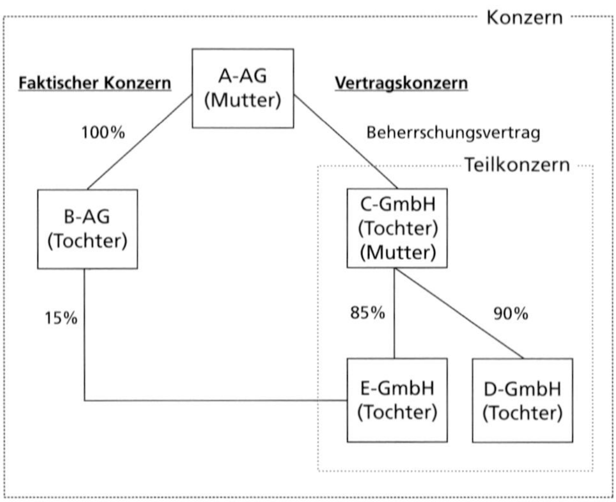

Ansatz: Als materielle Vermögensgegenstände werden Wertpapiere entgeltlich erworben und befinden sich im rechtlichen Eigentum des Unternehmens. Insofern steht dem Ansatz als Vermögensgegenstand nichts entgegen.

Bewertung: Die Bewertung erfolgt zu Anschaffungskosten im Zeitpunkt des Erwerbs. Im Zeitablauf muss zu jedem Stichtag die Wertentwicklung beobachtet werden. Höher als die historischen Anschaffungskosten darf ein Wertpapier nicht bilanziert werden. Eine Wertminderung wird durch eine Abschreibung auf den aktuellen Wert berücksichtigt.

Informationen im Anhang: § 285 Nr. 11, 11a HGB: die Aufstellung des Anteilsbesitzes ist Pflichtangabe.

Bilanzpolitik: Die Finanzanlagen bieten mehrere Möglichkeiten, das Ergebnis des Geschäftsjahres zu beeinflussen. Wertpapiere, deren Wert nach dem Erwerb steigt, bleiben mit den historischen Anschaffungskosten in der Bilanz. Insofern enthalten sie **Stille Reserven.** Werden diese Papiere verkauft, kommt es zur Ertragsrealisation, die in voller Höhe dem Jahresergebnis zugute kommt. Schlechte operative Ergebnisse lassen sich so, zumindest einmalig, ausgleichen. Verlieren die Papiere hingegen an Wert, besteht potentieller Abschreibungsbedarf nach § 253 Abs. 3 HGB. Die Besonderheit liegt hier darin verborgen, dass Wertpapiere im Anlagevermögen nur dann abgeschrieben werden müssen, wenn davon auszugehen ist, dass diese Wertminderung dauerhaft ist. Wird von diesem Ermessenspielraum Gebrauch gemacht, d. h. eine Abschreibung erfolgt nicht, liegen in Höhe des Differenzbetrags **Stille Lasten** im Finanzanlagevermögen. Dabei gilt: Weder Stille Lasten noch Stille Reserven sind aus der Bilanz oder dem Anhang ersichtlich.

MURNAUER METALLWERKE

Beispiel zu den Finanzanlagen

Die Murnauer Metallwerke haben Anteile an verbundenen Unternehmen von € 15.600.000 (Vorjahr € 11.000.000) in der Bilanz. Im Anlagespiegel erkennt Günter sofort den Grund für die Vermögensentwicklung. Es waren Abschreibungen in Höhe von € 6 Mio. notwendig. Günter resümiert: „Anteile an verbundenen Unternehmen sind Anteile an anderen Unternehmen, mit denen wir ihm Rahmen eines Konzernverhältnisses verbunden sind. Wenn ein solches Unternehmen in Insolvenz geht oder das Geschäft sich so schlecht entwickelt, dass das Unternehmen nachhaltig weniger wert ist, dann kommt es zu einer Abschreibung auf diese Wertpapiere." Günter findet im Anhang eine Aufgliederung des Anteilsbesitzes. Bei den verbundenen Unternehmen handelt es sich um die ausländischen Vertriebsgesellschaften der Murnauer Metallwerke. Welcher Anteil warum abgeschrieben wurde, findet Günter auf Basis des Jahresabschlusses nicht heraus. Das wird folglich eine wichtige Frage für die nächste Wirtschaftsausschusssitzung.

Ganz zentral ist natürlich der Zugang von € 10,6 Mio. Hier kann es sich nur um die tschechische Tochtergesellschaft handeln, die am Anfang des vergangenen Geschäftsjahres gegründet wurde.

Auch die sonstigen Ausleihungen sind interessant. Laut Anhangsangabe handelt es sich hier um langfristige Mitarbeiterdarlehen. Aus dem Anlagespiegel erkennt Günter, dass € 1.145.000 neue Ausleihungen gegeben wurden und € 300.000 von den Schuldnern an die Metallwerke zurückbezahlt wurden. „Welche Mitarbeiter bekommen Darlehen in dieser Höhe vom Unternehmen und zu welchen Konditionen?“, lautet die nächste Zeile auf Günters Frageblatt.

3.2 Die Bilanz – Aktivseite: Umlaufvermögen

3.2.1 Roh-, Hilfs- und Betriebsstoffe

Die Murnauer Metallwerke sind ein großer Zulieferer der Automobilindustrie. Als produzierendes Unternehmen kommt der Position „Vorräte“ deshalb eine große Bedeutung zu. Die erste Position innerhalb der Vorräte sind die Roh-, Hilfs- und Betriebsstoffe.

Inhalt/Bedeutung: In der Position Roh-, Hilfs- und Betriebsstoffe (RHB) befinden sich alle Materialien wie Schrauben, Bleche, Chemikalien etc., die vom Unternehmen im Rahmen des Leistungserstellungsprozesses verarbeitet werden, zum Stichtag aber noch auf Lager liegen.

Ansatz: Der Ansatz als Vermögensgegenstand erfolgt, wenn sich die RHB im rechtlichen Eigentum des Unternehmens befinden. Dabei ist es nicht wichtig, an welchem Ort dieser Welt die RHB gelagert sind.

Bewertung: Die Bewertung der RHB erfolgt in einem mehrstufigen Prozess. Zunächst muss das Unternehmen intern feststellen, welchen Wert die Lagerbestände haben. Diese Frage stellt sich im Besonderen, wenn z. B. immer wieder Spezialschrauben gekauft werden, die Einkaufspreise jedoch schwanken.

Bei verhältnismäßig kleinen Wertschwankungen werden die Endbestände zu **Durchschnittspreisen** bewertet. Bei wesentlichen Wertschwankungen bzw. als grundsätzliche Entscheidung aufgrund der Prozessgestaltung im Lager kann auch ein Verbrauchfolgeverfahren angewandt werden. Das „last in first out **(LIFO)**-Verfahren“ geht davon aus, dass jene

Schrauben, die zuletzt gekauft wurden, auch zuerst verbraucht wurden. Das „first in first out **(FIFO)**-Verfahren" unterstellt, dass jene Schrauben, die zuerst gekauft wurden, auch zuerst verbraucht wurden. Damit ist zum Stichtag zunächst der interne Wert, der durch die Inventur erfassten RHB ermittelt. In einem zweiten Schritt wird dieser Wert mit dem aktuellen Wiederbeschaffungspreis verglichen. Liegt dieser niedriger als der aktuelle Buchwert, erfolgt eine Abschreibung. Abschreibungen können darüber hinaus noch auf Überbestände **(Reichweitenabschläge)** und Bestände vorgenommen werden, die wahrscheinlich nicht mehr verwendet werden.

Kaufzeitpunkt	Menge	Preis je Stück	Gesamtwert
15.01.2019	200.000	€ 10	€ 2.000.000
18.06.2019	200.000	€ 15	€ 3.000.000
17.09.2019	200.000	€ 20	€ 4.000.000
Endbestand laut Inventur	250.000		
Durchschnittspreis	250.000	€ 15	€ 3.750.000
LIFO	200.000 50.000	€ 10 € 15	€ 2.000.000 € 750.000 € 2.750.000
FIFO	50.000 200.000	€ 15 € 20	€ 750.000 € 4.000.000 € 4.750.000

Informationen im Anhang: Im Bereich allgemeine Bilanzierungs- und Bewertungsgrundsätze finden sich die Informationen zum angewandten Verbrauchsfolge- und Bewertungsverfahren. Angaben zur Entwicklung der Vorratsbestände können auch in der Anhangsangabe zu den Vorräten stehen.

Bilanzpolitik: Wenn in den RHB wertmäßig oder mengenmäßig große Beträge vorhanden sind, kann sowohl die Wahl des Verbrauchsfolgeverfahrens (siehe Tabelle oben) als auch eine sehr offensive Abschreibungspolitik zur zukünftigen Verwertbarkeit der Vorräte den Jahresüberschuss stark reduzieren. In ertragsschwachen Jahren wird die Abschreibung auf die Roh-, Hilfs- und Betriebsstoffe eher zurückgenommen.

MURNAUER METALLWERKE

Beispiel zu Roh-, Hilfs- und Betriebsstoffen

Günter schaut in die Bilanz. Die Roh-, Hilfs- und Betriebsstoffe haben wertmäßig von € 8.812.719 auf € 6.289.678 abgenommen. In den allgemeinen Bilanzierungs- und Bewertungsgrundsätzen steht, dass die Murnauer Metallwerke bei den Roh-, Hilfs- und Betriebsstoffen das Durchschnittsverfahren anwenden. Soweit Bestandsrisiken vorlagen, die sich aus der Lagerdauer oder verminderter Verwertbarkeit ergaben, sind Abwertungen in ausreichendem Umfang vorgenommen worden. Das erklärt ihm aber noch nicht den absoluten Rückgang um € 2,6 Mio.

„Wenn die Vorräte zurückgehen, kann das zwei Gründe haben", sagt Werner Württemberger, „zum einen kann die Nachfrage auf dem Markt gesunken sein und mit der gesunkenen Nachfrage wurden auch weniger Rohstoffe eingekauft. Diese Hypothese können wir überprüfen, wenn wir uns die Entwicklung der Umsatzerlöse in der GuV anschauen." Günter blättert um. Die Umsatzerlöse sind von € 140 auf € 142 Mio. gestiegen. Das kann also nicht die Erklärung sein. „Zum anderen", sagt Werner Württemberger, „sinken die Vorratsbestände, wenn die Lagerhaltung und Beschaffung optimiert werden." Günter denkt nach. Der neue Leiter Materialbeschaffung und Logistik, ein Spanier namens Nazio Loppezio, hatte auf der letzten Betriebsversammlung von fertigungssynchroner Beschaffung, also Just-in-time-Produktion, gesprochen. Die erfolgreiche Verwirklichung dieser Idee könnte auch ein Grund für die sinkenden Bestände sein. „Letztlich", so Württemberger, „sinken die Roh-, Hilfs- und Betriebsstoffe, wenn das Unternehmen nicht mehr selbst produziert, sondern die Teile fertig zukauft." „Das ist es", sagt Günter, „wir produzieren bei der tschechischen Tochter, die wir am Anfang des vergangenen Jahres gegründet haben und kaufen von dort die fertigen Erzeugnisse ein." Ein weiterer Punkt auf der Frageliste.

3.2.2 Unfertige Erzeugnisse, fertige Erzeugnisse

Inhalt/Bedeutung: Unfertige Erzeugnisse und Leistungen sind zum Stichtag noch nicht vollständig gefertigt oder erbracht. In den Leistungserstellungsprozess sind aber bereits RHB, Löhne und Gehälter etc. eingeflossen. Bei fertigen Erzeugnissen ist der Leistungsprozess bereits beendet, das Erzeugnis ist aber noch nicht verkauft.

Ansatz: Entstanden sie aus dem Verbrauch von eigenen Ressourcen, befinden sich die fertigen und unfertigen Erzeugnisse im Eigentum des Unternehmens. Dem Ansatz als Vermögensgegenstand steht folglich nichts entgegen.

Bewertung: Hier werden erstmals nicht die Anschaffungs- sondern die **Herstellungskosten** als Bewertungsmaßstab relevant. Sie sind, basierend auf § 253 Abs. 1 Satz 1 HGB, in § 255 Abs. 2 definiert. Als Bestandteile gelten: Die Materialkosten, die Fertigungskosten, die Material- und Fertigungsgemeinkosten, die Abschreibung, Kosten der allgemeinen Verwaltung und Kosten für soziale Belange des Unternehmens.

Informationen im Anhang: Im Anhang finden sich unter der Überschrift „Allgemeine Bilanzierungs- und Bewertungsgrundsätze" die Informationen zu jenen Bestandteilen, die in die Herstellungskosten eingerechnet werden.

Bilanzpolitik: Bilanzpolitik ist dann in größerem Umfang möglich, wenn die Bestände dem Wert nach für den Jahresabschluss wesentlich sind bzw. die Wertschöpfung des Unternehmens im Leistungserstellungsprozess markant ist. Die Definition der Herstellkosten kennt nämlich gemäß § 255 Abs. 2 HGB zum einen Pflichtbestandteile, das sind die Material- und Fertigungskosten, die Sonderkosten der Fertigung, angemessene Teile der Material- und Fertigungsgemeinkosten sowie die zurechenbare Abschreibung. Die anderen Komponenten sind Wahlbestandteile. Werden diese Aufwendungen nicht in den Herstellungskosten aktiviert, reduzieren sie in voller Höhe das Jahresergebnis. Diese Bewertung zur Untergrenze ist aus Sicht des Gläubigerschutzes zu erklären. Sollten diese Erzeugnisse im Folgejahr nicht veräußerbar sein, entsteht durch die notwendige Abschreibung nur noch ein geringer Aufwand. Durch die Bewertung zur Untergrenze entstehen Stille Reserven. Aus der Sicht des periodengerechten Gewinnausweises findet jedoch eine verzerrte Darstellung statt.

Pflicht oder Wahlrecht	Bestandteil	Obergrenze	Untergrenze
Pflicht	Materialkosten	€ 200	€ 200
Pflicht	Fertigungskosten	€ 150	€ 150
Pflicht	Sonderkosten Fertigung	€ 10	€ 10
Pflicht	Materialgemeinkosten	€ 110	€ 110
Pflicht	Fertigungsgemeinkosten	€ 40	€ 40
Pflicht	Werteverzehr Anlagevermögen	€ 5	€ 5
		€ 515	€ 515
Wahlrecht	Allgemeine Verwaltung	€ 25	
Wahlrecht	Soziale Betriebseinrichtungen	€ 2	
Wahlrecht	Freiwille soziale Leistungen	€ 3	
Wahlrecht	Betriebliche Altersversorgung	€ 5	
		€ 550	

MURNAUER METALLWERKE

Beispiel zu fertigen Erzeugnissen

In der Bilanz der Murnauer Metallwerke werden die unfertigen Erzeugnisse mit € 1.099.245 Buchwert (Vorjahr € 1.688.992) bilanziert. Fertige Erzeugnisse stehen mit € 4.112.987 (Vorjahr € 2.888.153) zu Buche. In den allgemeinen Bilanzierungs- und Bewertungsgrundsätzen liest Günter, dass die fertigen und unfertigen Erzeugnisse nur mit den Pflichtbestandteilen bewertet wurden, also zur Untergrenze. Werner Württemberger gibt ihm noch den Hinweis, dass eine Bewertung zur Untergrenze den Normalfall darstellt. Grund zur Nachfrage besteht vor allem dann, wenn ein Unternehmen plötzlich sein Bewertungsverfahren ändert. Speziell ein Übergang auf die Bewertung zur Obergrenze ist fast immer ein Hinweis auf eine sehr schlechte Ertragslage.

Hier muss ein Abgleich mit dem Ergebnis in der GuV folgen. Bei den Murnauer Metallwerken wurde das Verfahren nicht geändert. Bei den fertigen Erzeugnissen ist der Buchwert um € 1,2 Mio. gestiegen. Günter versucht selbst eine Hypothese aufzustellen: „Mengenmäßig steigende Bestände an fertigen Erzeugnissen können zum einen ein Indiz für eine sehr schlechte Absatzlage sein. Die Umsatzerlöse sind aber gestiegen. Es kann aber auch sein, dass wir nur anders bewerten. Das haben wir oben ausgeschlossen." Als Günter sich die Position in der Bilanz nochmals anschaut, entdeckt er noch das Wort „Waren" in der Zeile der fertigen Erzeugnisse. „Was ist der Unterschied zwischen fertigen Erzeugnissen und Waren?", fragt er Werner Württemberger.

3.2.3 Waren

Inhalt/Bedeutung: Waren sind jene Vorratsbestände, die erworben und unverändert weiterveräußert werden sollen.

Ansatz: Bei rechtlichem Eigentum werden die Waren als Vermögensgegenstände angesetzt.

Bewertung: Waren werden zu den Anschaffungskosten gemäß § 253 i.V.m. § 255 Abs. 1 HGB im Zeitpunkt des Erwerbs aktiviert. Zum Stichtag wird die Werthaltigkeit erneut überprüft. Zunächst wird der interne Wert mit dem Börsen- oder Marktpreis (absatzorientiert) verglichen. Ist dieser niedriger, erfolgt eine Abschreibung. Sind die Waren voraussichtlich nicht mehr oder nur eingeschränkt veräußerbar, müssen sie ebenfalls abgeschrieben werden (Reichweitenabschläge).

Informationen im Anhang: Am Anfang des Anhangs finden sich nur Informationen zur allgemeinen Bilanzierung und Bewertung, eventuell finden sich Zusatzinformationen bei der speziellen Anhangsangabe zu den Vorräten.

Bilanzpolitik: Bei der Position Waren kann nur sehr eingeschränkt Bilanzpolitik betrieben werden. § 253 Abs. 4 HGB gibt klar vor, dass immer der Börsen- oder Marktpreis als Wertmaßstab gilt. Nur wenn dieser Wertmaßstab nicht mehr vorhanden ist, kann vom Unternehmen ein niedrigerer Wertansatz nach eigenem Ermessen gewählt werden.

Beispiel zum Vorsichtsprinzip

MURNAUER METALLWERKE

Günter schaut sich nochmals die Position „Fertige Erzeugnisse" und „Waren" mit einem aktuellen Buchwert von € 4,1 Mio. an und denkt nach. In dieser Position sind also fertige Erzeugnisse und Waren zusammen ausgewiesen. Er kann sich nicht vorstellen, dass die Murnauer Metallwerke Waren kaufen und diese dann unverändert an ihre Kunden weiterveräußern. „Kauft Ihre Firma fertige Erzeugnisse von Tochtergesellschaften und verkauft diese dann unverändert an Kunden weiter?", fragt Werner Württemberger. „Richtig, die Metallwerke lassen Bremsscheiben, Elektronik und Stoßdämpfer seit Anfang des Jahres bei ihrer Tochtergesellschaft in Tschechien fertigen und diese kommen schon fertig verpackt mit dem Aufdruck der Murnauer Metallwerke hier an. Sie werden direkt an den Kunden weiterveräußert. Gut, dann sind das also unsere Waren. Ergeben sich daraus irgendwelche Fragen für die kommende Sitzung?" „Noch nicht", sagt Werner Württemberger, „es wäre aber gut, dieses Thema im Rahmen der Kennzahlenanalyse nochmals aufzugreifen und dann werden sich sehr wohl interessante Fragen ergeben."

3.2.4 Forderungen und sonstige Vermögensgegenstände

Inhalt/Bedeutung: Ein Unternehmen bucht dann eine Forderung ein, wenn es alles getan hat, zu dem es sich im Rahmen eines Lieferungs- oder Leistungsgeschäfts verpflichtet hat und die Gegenleistung, also die Zahlung noch aussteht. Bei den Forderungen aus Lieferungen und Leistungen liegt ein Liefer- oder Leistungsgeschäft zugrunde. Der Umsatz wurde gebucht, der darin enthaltene Ertrag ist realisiert. Die Forderungen untergliedern sich in der Bilanz nach Schuldnergruppen. Forderungen aus Lieferungen und Leistungen bestehen gegenüber fremden Dritten. Besteht eine kapitalmäßige Verflechtung zwischen den Unternehmen (siehe Abschnitt Finanzanlagen), werden Forderungen gegenüber Unternehmen mit denen ein Beteiligungsverhältnis besteht bzw. gegenüber verbundenen Unternehmen ausgewiesen. Die Untergliederung der Forderungen nach dem Schuldner soll es dem Bilanzleser ermöglichen, eine differenzierte Risiko- und Abhängigkeitseinschätzung zu treffen. In den sonstigen Vermögensgegenständen findet sich eine Vielzahl von unterschiedlichen Posten, wie Steuerguthaben, Ausleihungen an Mitarbeiter, Kreditkartenguthaben usw. Letztlich finden sich hier alle Vermögensgegenstände, die zum Umlaufvermögen gehören und thematisch nicht unter eine der anderen markanten Überschriften in der Gliederung zum Umlaufvermögen gehören.

Ansatz: Forderungen dürfen dann angesetzt werden, wenn das zugrunde liegende Schuldverhältnis rechtlich besteht (z. B. ein Darlehensvertrag) oder das Unternehmen seine Lieferung/Leistung im Sinne des Realisationsprinzips erbracht hat.

Bewertung: Forderungen werden mit dem Betrag bilanziert, der den Kunden (netto) in Rechnung gestellt wurde. Forderungen sind grundsätzlich risikobehaftet. Zum Stichtag wird deshalb der Gesamtbestand der Forderungen (sogenannte Debitoren) nochmals auf Werthaltigkeit geprüft. Bereits bekannte oder sehr wahrscheinliche Forderungsausfälle werden wertberichtigt. Diese **Einzelwertberichtigung** entspricht einer Abschreibung der Forderung. Eine Wertberichtigung stellt in voller Höhe Aufwand des Geschäftsjahres dar. Auf den verbleibenden Forderungsbestand kann prozentual eine **pauschale Wertberichtigung** vorgenommen werden für Risiken, die im Bestand vorhanden, aber noch nicht bekannt sind. Die Höhe des pauschalen Prozentsatzes basiert auf den Erfahrungswerten der abgelaufenen Geschäftsjahre. Klassische Pauschalwertberichtigungssätze liegen zwischen 2 und 5 %.

Informationen im Anhang: Das Risiko einer Forderung wird bestimmt vom Schuldner und der Laufzeit der Forderung. Die Schuldnergruppe wird in der Bilanzgliederung sichtbar. Die Laufzeit der Forderungen wird im Anhang beschrieben. Unterschieden werden die Laufzeiten bis zu einem Jahr, ein bis fünf Jahre und mehr als fünf Jahre. Die Vorjahresbeträge sind, meist in Klammern, unter den aktuellen Zahlen zu finden. Diese Aufgliederung im Anhang nennt sich **Forderungsspiegel.**

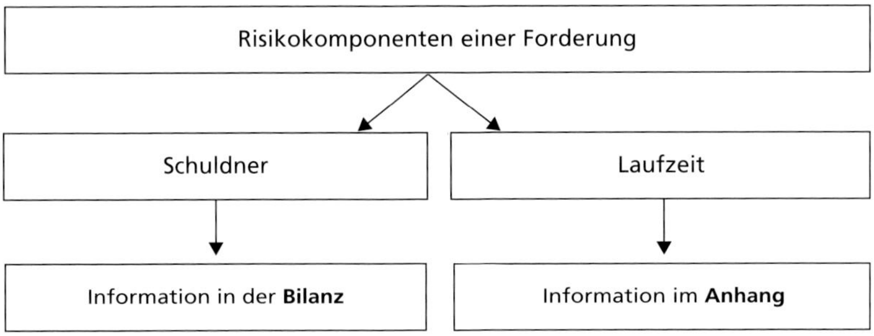

Bilanzpolitik: Wenn Forderungen einbucht werden, die noch nicht realisiert sind, liegt der strafbare Tatbestand der Bilanzfälschung vor. Insofern kann hier nicht von legaler Bilanzpolitik gesprochen werden. Einzel- und vor allem Pauschalwertberichtigungen bieten handelsrechtlich einen gewissen Ermessensspielraum, um den Jahresüberschuss zu senken. Diese Möglichkeit wird allerdings nur sehr selten genutzt. Unternehmen, die sehr hohe Forderungsausfälle haben, signalisieren letztlich, dass sie entweder ihr Debitorenmanagement nicht beherrschen, ihr Vertrieb schlechte Arbeit leistet oder der gesamte Absatzmarkt sehr unattraktiv ist.

MURNAUER
METALLWERKE

Beispiel zu Forderungen

In der Bilanz der Murnauer Metallwerke stehen zum Stichtag Forderungen und sonstige Vermögensgegenstände im Gesamtwert von € 13.553.563 aus. Sie entfallen mit € 7.423.863 auf Forderungen aus Lieferungen und Leistungen, mit € 4.100.000 auf Forderungen gegenüber verbundenen Unternehmen und letztlich € 2.029.700 sonstige Vermögensgegenstände.

Günter nimmt sich zuerst die Forderungen aus Lieferungen und Leistungen vor. Sie sind gegenüber dem Vorjahr um € 2,6 Mio., d. h. mehr als 50 % gestiegen. Im Forderungsspiegel des Anhangs wird ersichtlich, dass die Forderungen sämtlich eine Laufzeit von weniger als einem Jahr haben, also kurzfristige Forderungen sind. Woran könnte es liegen, dass das Volumen zum Stichtag gestiegen ist? Es könnte noch eine große Lieferung kurz vor Jahresende an einen Kunden gegangen sein. „Es könnte auch sein", sagt Werner Württemberger, „dass die Metallwerke ihren Kunden längere Zahlungstermine einräumen. Längere Zahlungstermine können sehr mächtige Abnehmer erzwingen, sozusagen als Lieferantenkredit. Längere Zahlungstermine können aber auch freiwillig als absatzpolitisches Instrument gewährt werden. Letztlich bedeuten höhere Außenstände mehr Risiko. Zudem müssen diese Beträge vom Unternehmen vorfinanziert werden. Die konkreten Ursachen werden wir bei der Unternehmensleitung erfragen müssen."

Die Forderungen gegenüber verbundenen Unternehmen sind um € 2,9 Mio. gestiegen. „In diesen Forderungen", sagt Werner Württemberger, „sind sowohl Forderungen aus Lieferungen und Leistungen gegenüber verbundenen Unternehmen, als auch gewährte Darlehen gegenüber diesen Unternehmen enthalten." In den Anhangsangaben zu dieser Position liest Günter, dass tatsächlich beides in den € 4,1 Mio. enthalten ist, wobei auf Darlehen € 3,4 Mio. (Vorjahr € 0,5 Mio.) entfallen. Wir finanzieren also Unternehmen, die sich in unserem Konzernverbund befinden, mit derzeit € 3,4 Mio., Tendenz scheinbar steigend. „Das ist in einem Konzern ganz normal", sagt Werner Württemberger, „denn meist werden von Tochterunternehmen, die viel freie Liquidität besitzen, diese Bestände von der Mutter abgezogen.

Gleichzeitig werden Tochtergesellschaften, die derzeit Liquidität für Investitionen brauchen, mit Darlehen von der Mutter versorgt. Man nennt diese Art der Liquiditätssteuerung im Konzern **Cash Pooling**. Geld, das die Mutter von verbundenen Unternehmen abzieht, führt in ihrer Bilanz zu Verbindlichkeiten gegenüber verbundenen Unternehmen. Geld, das sie ihren Töchtern ausleiht, führt zu Forderungen gegenüber verbundenen Unternehmen."

Günter schaut in die Bilanz. Auf der Passivseite stehen Verbindlichkeiten gegenüber verbundenen Unternehmen in Höhe von € 6.234.000 (Vorjahr € 2.500.000). Die Veränderung ist also nahezu identisch zur Aktivseite. Ob tatsächlich Cash Pooling betrieben wird und wie die Gelder verzinst werden, wird im Anhang leider nicht beschrieben. Günter notiert sich deshalb eine weitere Frage auf seinem Notizblock.

Günter blickt auf die Position sonstige Vermögensgegenstände, die sich von € 2.789.672 auf € 2.029.700 verringert hat. Im Anhang wird die Zahl zwar nicht aufgeschlüsselt, der Inhalt ist aber zumindest beschrieben. So handelt es sich überwiegend um Steuererstattungsansprüche und Forderungen an Versicherungen aus eingetretenen Schadensfällen. Günter ist diese Beschreibung zu dürftig. Er will sich die Position genauer aufschlüsseln lassen und notiert auch diesen Punkt auf seinem Notizblock.

3.2.5 Wertpapiere im Umlaufvermögen

Als nächste Position stehen im Umlaufvermögen der Murnauer Metallwerke Wertpapiere.

Inhalt/Bedeutung: Die Wertpapiere des Umlaufvermögens unterscheiden sich der Art nach nicht von jenen des Anlagevermögens. Der Unterschied liegt vielmehr in der geplanten Verwendung. Die Wertpapiere, die im Umlaufvermögen bilanziert werden, sollen nur kurzfristig gehalten werden, z. B. als gewinnbringende, kurzfristige Geldanlage. Auch Wertpapiere, die bisher im Anlagevermögen bilanziert wurden, jetzt aber zum Verkauf bestimmt sind, werden hier ausgewiesen.

Ansatz: Bei Wertpapieren steht das rechtliche Eigentum als Ansatzkriterium im Vordergrund.

Bewertung: Wertpapiere im Umlaufvermögen werden nach § 253 Abs. 4 HGB nach dem **strengen Niederstwertprinzip** zum Stichtag bewertet. Liegt der Marktwert der Papiere zum Stichtag über den Anschaffungskosten, bleibt der Buchwert unverändert, ist der Markt-/Börsenpreis zwischenzeitlich gesunken, wird auf diesen niedrigeren Wert abgeschrieben.

Informationen im Anhang: Zu den Wertpapieren im Umlaufvermögen gibt es keine Pflichtangaben im Anhang.

Bilanzpolitik: Auffällig ist das strenge Niederstwertprinzip für Wertpapiere im Umlaufvermögen und das gemilderte Niederstwertprinzip für Wertpapiere im Anlagevermögen. Fallen die Börsenkurse von Wertpapieren und bleiben die Papiere im Umlaufvermögen bilanziert, werden die Kursverluste in voller Höhe als Abschreibung auf die Wertpapiere erfolgswirksam. Werden die Papiere aber, mit dem Argument sie langfristig halten zu wollen, in das Anlagevermögen umgegliedert, entfällt die Verpflichtung zur Abschreibung. Hier besteht lediglich die Pflicht zur Wertanpassung bei einer voraussichtlich dauernden Wertminderung.

MURNAUER METALLWERKE

Beispiel zu Wertpapieren

Die Murnauer Metallwerke haben sonstige Wertpapiere in Höhe von € 230.000 (Vorjahr € 4.580.000). Im Anhang findet Günter keine Angaben. „Wahrscheinlich", sagt Werner Württemberger, „war hier im Vorjahr freie Liquidität in Fonds, festverzinslichen Papieren oder Aktien angelegt, die zwischenzeitlich anders investiert wurden. Wenn eine Umgliederung in das Anlagevermögen stattgefunden hätte, wäre sicherlich zum einen eine Anhangsangabe vorhanden. Zum anderen müssten sich im Anlagespiegel Zugänge im Bereich der Wertpapiere im Finanzanlagevermögen zeigen." Günter schlägt den Anlagespiegel auf und erkennt, dass keine Zugänge stattgefunden haben. Die Vermutung mit der Umgliederung scheidet damit aus. Eine Frage zu dieser Entwicklung hält er deshalb nicht für notwendig.

3.2.6 Kassenbestand, Bundesbankguthaben, Guthaben bei Kreditinstituten und Schecks

Inhalt/Bedeutung: Die Position Kassenbestand, Bundesbankguthaben, Guthaben bei Kreditinstituten und Schecks beinhaltet alle liquiden Mittel, über die das Unternehmen direkt verfügen kann. Neben dem Kassenbestand sind das vor allem die Guthaben auf Girokonten bei Kreditinstituten.

Ansatz: Die liquiden Mittel befinden sich im rechtlichen Eigentum des Unternehmens. Sie sind daher klassische Vermögenswerte.

Bewertung: Die Bewertung erfolgt zum aktuellen Tageswert. Fremdwährungsbestände werden mit dem Verkaufswert zum Stichtag bewertet.

Informationen im Anhang: Zu den liquiden Mitteln müssen keine Angaben im Anhang gemacht werden.

Bilanzpolitik: Da Kassenbestände eindeutig sind, Kontenbestände auf Kontoauszügen nachzuweisen sind und die Wertkomponente eindeutig ist, kann mit dieser Position keine Bilanzpolitik gemacht werden.

MURNAUER METALLWERKE

Bei den Murnauer Metallwerken hat sich der Bestand an liquiden Mitteln von € 16.211.926 im Vorjahr auf € 3.234.125 zum Stichtag verringert. Günter hebt die Augenbrauen und schaut Werner Württemberger an. „Zunächst müssen wir berücksichtigen", sagt Württemberger, „dass wir es jeweils mit einem Liquiditätsstand zu einem Stichtag zu tun haben. So können kurz vor dem Stichtag noch größere Beträge zur Auszahlung gekommen sein. Wenn ca. € 3 Mio. aber dem tatsächlich durchschnittlichen Liquiditätsbestand entsprechen, stellt sich natürlich die Frage, ob diese Höhe ausreichend, zu hoch oder eigentlich viel zu gering ist. Zum Abgleich empfehle ich die Position Personalaufwand aus der GuV heranzuziehen. Der Personalaufwand entspricht mit € 46,8 Mio. den Lohn- und Gehaltszahlungen über zwölf Monate. Dieses Geld muss jeden Monat als Liquidität bereitstehen. Das entspricht einer monatlichen Auszahlung von € 3,9 Mio. Die € 3,2 Mio. reichen damit nicht ganz für eine Monatszahlung. Da neben den Lohn- und Gehaltszahlungen noch viele andere laufende Rechnungen bezahlt werden müssen, scheint mir die Höhe des Kassen- und Bankbestandes eher am untersten Ende angesiedelt. Um nicht in Zahlungsschwierigkeiten zu kommen, müssen die Einzahlungen von Kunden entsprechend pünktlich erfolgen."

3.2.7 Rechnungsabgrenzungsposten

Inhalt/Bedeutung: Als Rechnungsabgrenzungsposten werden auf der Aktivseite Ausgaben vor dem Stichtag ausgewiesen, soweit sie Aufwand für eine bestimmte Zeit nach diesem Tag darstellen (§ 250 Abs. 1 HGB). Als typische Beispiele sind Versicherungsprämien zu nennen, die im Voraus für zwölf Monate bezahlt werden. Ein Teil der Prämie wird im abgelaufenen Jahr als Aufwand gebucht. Die noch ausstehenden Versicherungsmonate werden als Rechnungsabgrenzungsposten aktiviert.

Ansatz: Rechnungsabgrenzungsposten werden angesetzt, weil es sich inhaltlich um eine ausstehende Leistungsforderung des Unternehmens gegenüber einem fremden Dritten handelt. Die Leistung wurde bereits bezahlt, sie wird aber erst nach dem Stichtag erfolgen.

Bewertung: Die Bewertung erfolgt in Höhe des noch ausstehenden Anspruchs.

Informationen im Anhang: Zum Inhalt des Rechnungsabgrenzungspostens müssen keine Angaben im Anhang gemacht werden.

Bilanzpolitik: Da der Sachverhalt für das Vorliegen eines Rechnungsabgrenzungspostens eindeutig definiert ist und der Ansatz von Rechnungsabgrenzungsposten Pflicht ist (vgl. § 250 Abs. 1 Satz 1 HGB), kann keine Bilanzpolitik gemacht werden.

MURNAUER METALLWERKE

Beispiel zu den Rechnungsabgrenzungsposten

Die Murnauer Metallwerke weisen aktive Rechnungsabgrenzungsposten über € 8.356 (Vorjahr € 124.000) aus. Im Anhang findet Günter folgenden Satz: Der Rechnungsabgrenzungsposten beinhaltet, wie im Vorjahr, im Wesentlichen abgegrenzte Marketingaufwendungen und vorausbezahlte Lizenzgebühren. Auch dieser Posten ist für Günter damit klar. Es ergeben sich für ihn keine weiteren Fragen.

„Mit dem Eigenkapital kommt jetzt ein besonders spannender Teil", sagt Günter, „bis vor drei Jahren war das Unternehmen nämlich noch im Eigentum von Josef Paffenhofer, der das Unternehmen gegründet und bis vor drei Jahren noch selbst geleitet hat. Jetzt gehört es seinen drei Kindern und deren Familien. In den vergangenen zwei Jahren wurde denn auch immer wieder gemunkelt, dass die Erben es vor allem auf hohe Gewinnausschüttungen abgesehen hätten und Eigenkapital aus der Firma abziehen würden. Wenn an diesen Gerüchten etwas dran wäre, müsste es ja hier ersichtlich sein." „Gut", sagt Werner Württemberger, „dann finden wir das heraus."

3.2.8 Latente Steuern

Inhalt/Bedeutung: In Deutschland muss ein Unternehmen zwei Jahresabschlüsse erstellen. Den handelsrechtlichen Abschluss und den steuerrechtlichen Abschluss. Der handelsrechtliche Abschluss, nach den Regeln des HGB, soll den Gläubigern als Informationsgrundlage und den Eignern des Unternehmens als Ausschüttungsbemessungsgrundlage für ihren Gewinn dienen. Der steuerrechtliche Abschluss wird für das Finanzamt erstellt. Auf Basis der steuerlichen GuV wird die Steuerbelastung des Geschäftsjahres für das Unternehmen ermittelt.

Teilweise unterscheiden sich die Regelungen im Handelsrecht und im Steuerrecht. So verlangt das Steuerrecht z. B. die Einhaltung einer definierten Abschreibungsdauer für PKW von mindestens sechs Jahren. Im Handelsrecht finden sich hierzu keine Vorgaben. Wird z. B. ein PKW mit Anschaffungskosten von € 60.000 in der Steuerbilanz über sechs Jahre abgeschrieben, beläuft sich die Abschreibung pro Jahr auf € 10.000. Handelsrechtlich entscheidet sich das Unternehmen aber, das Fahrzeug aufgrund der intensiven Nutzung auf drei Jahre abzuschreiben. Die Abschreibung in der handelsrechtlichen GuV beläuft sich so auf € 20.000 pro Jahr. Der Gewinn in der handelsrechtlichen GuV ist damit unter dem Strich um € 10.000 geringer als in der steuerrechtlichen GuV. Die Steuern werden aber auf Basis des höheren steuerrechtlichen Gewinns berechnet. Für die handelsrechtliche GuV hieße das: Die Steuer ist gemessen am Ergebnis in diesem Jahr zu hoch.

Dieser Effekt dreht sich nach drei Jahren um. Dann ist der PKW handelsrechtlich schon voll abgeschrieben. Die Ergebnisbelastung der folgenden Jahre durch Abschreibung in der handelsrechtlichen GuV ist dann null. Steuerrechtlich läuft die Abschreibung aber noch weitere drei Jahre. Die steuerrechtliche Ergebnisbelastung beträgt also weiterhin € 10.000 pro Jahr. In dieser Zeit ist der steuerrechtliche Gewinn niedriger als der handelsrechtliche Gewinn. Die Steuerbelastung passt wieder nicht zum handelsrechtlichen Gewinn, denn in diesen drei Jahren ist sie zu gering.

Aktive latente Steuern gleichen diesen Effekt aus. Werden gemessen am handelsrechtlichen Gewinn zunächst zu viele Steuern bezahlt, bildet das Unternehmen den Posten „aktive latente Steuern". Der Posten steht wie eine Forderung gegenüber dem Finanzamt, weil eigentlich zuviel Steuern bezahlt wurden. Der ausgewiesene Steueraufwand in der handelsrechtlichen GuV reduziert sich im Jahr der Bildung um den entsprechenden Betrag. Dreht sich der Effekt im oben genannten Beispiel nach drei Jahren um, wird der Posten schrittweise wieder aufgelöst. Der Steueraufwand ist dann in der handelsrechtlichen GuV zu niedrig, die Auflösung des Postens führt zu zusätzlichem Steueraufwand. Die Steuerbelastung passt der Höhe nach also wieder genau zum handelsrechtlichen Gewinn.

Ansatz: Nach § 274 HGB werden latente Steuern dann gebildet, wenn zwischen handelsrechtlichen Wertansätzen von Vermögensgegenständen, Schulden und Rechnungsabgrenzungsposten und ihren steuerlichen Wertansätzen Differenzen entstehen, die sich in späteren Geschäftsjahren voraussichtlich abbauen. Resultiert hieraus zunächst eine zu hohe Steuerbelastung, werden aktive latente Steuern gebildet. Resultiert zunächst eine zu geringe Steuerbelastung, werden passive latente Steuern gebildet.

Bewertung: Die Bewertung ergibt sich aus den insgesamt resultierenden Differenzen im Ergebnis und den unternehmensindividuellen Steuersätzen im Zeitpunkt des Abbaus der Differenzen.

Informationen im Anhang: Nach § 285 Nr. 29 HGB muss im Anhang angegeben werden, auf welchen Differenzen oder steuerlichen Verlustvorträgen die latenten Steuern beruhen und mit welchen Steuersätzen die Bewertung erfolgt ist.

Bilanzpolitik: Da der Sachverhalt für das Vorliegen von latenten Steuern eindeutig definiert ist, der Ansatz Pflicht ist und die Bewertung eindeutig definiert wurde, kann mit latenten Steuern keine Bilanzpolitik betrieben werden.

3.3 Die Bilanz – Passivseite: Eigenkapital

In § 266 HGB wird die vollständige Eigenkapitalgliederung einer **Kapitalgesellschaft** gezeigt.

3.3.1 Gezeichnetes Kapital

Inhalt/Bedeutung: Das gezeichnete Kapital ist jenes Kapital, das von den Unternehmenseignern im Zeitpunkt der Gründung oder einer späteren Kapitalerhöhung eingebracht wurde. Es ist verbrieft in Kapitalanteilen (Aktien oder GmbH-Anteile). Je nach vertraglicher Ausgestaltung sind diese Kapitalanteile mit Stimmrechten und Gewinnanteilen verknüpft. Bei der GmbH wird dieses Kapital als **Stammkapital** bezeichnet.

Ansatz und Bewertung: Die Papiere werden zu ihrem Nennwert, also dem Wert, der im Zeitpunkt der Ausgabe des Papiers damit verbrieft wurde, bilanziert.

Bilanzpolitik: Das gezeichnete Kapital ist eine feste Größe nach Art und Wert. Bilanzpolitik ist insofern nicht möglich.

Beispiel zum Stammkapital

MURNAUER METALLWERKE

Das Stammkapital der Murnauer Metallwerke GmbH ist von € 1 Mio. auf € 1,1 Mio. gestiegen. Es hat also entweder eine Kapitalerhöhung durch die bestehenden Gesellschafter stattgefunden oder es wurde ein neuer Gesellschafter aufgenommen. Im Anhang findet Günter eine kurze Angabe dazu. Im Rahmen der Aufnahme eines neuen Gesellschafters wurde das Stammkapital der Gesellschaft erhöht. Wer dieser Gesellschafter ist, bleibt offen.

„Hierzu ein Tipp", sagt Werner Württemberger, „gehen Sie zum Amtsgericht und fordern sie den Handelsregisterauszug Ihrer Firma an. Die Handelsregisternummer, unter der die Firma geführt wird, finden Sie auf dem Briefpapier. Da stehen alle Veränderungen im Gesellschafterkreis bei einer GmbH vermerkt." „Es würde mich nicht wundern, wenn sich unser neuer Geschäftsführer eingekauft hätte, aber bis ich den Auszug in Händen halte, bleibt das reine Spekulation", sagt Günter.

3.3.2 Kapitalrücklage

Inhalt/Bedeutung: Eine Kapitalrücklage entsteht, wenn bei Gründung oder einer späteren Kapitalerhöhung ein höherer Betrag in das Unternehmen einbezahlt wird, als der Nennwert verbrieft. Ein klassisches Beispiel ist der Börsengang eines Unternehmens. Die angebotenen Aktien werden nicht zu ihrem Nennwert, sondern zum höheren Ausgabekurs an die Aktionäre verkauft. Die Kapitalrücklage wird aus dem Unterschiedsbetrag gespeist.

Bilanzpolitik: Bilanzpolitik ist hier nicht möglich. Aus der Erklärung zur Entstehung der Kapitalrücklage wird aber deutlich, dass Unternehmen unter Umständen einen Börsengang absagen, weil die zu erwartende Kapitalrücklage zu klein ausfallen würde. Ein klassischer Börsengang hat das Ziel, so viel neues Kapital wie möglich in das Unternehmen zu bringen, um beispielsweise einen weiteren Wachstumskurs zu finanzieren. Diese Zielsetzung würde insofern nicht erfüllt.

MURNAUER METALLWERKE

In der Bilanz der Murnauer Metallwerke wird in diesem Jahr erstmals eine Kapitalrücklage in Höhe von € 146.913 ausgewiesen. Damit wird deutlich: Wer immer sich als neuer Gesellschafter in die GmbH eingekauft hat, hat neben den gewinnberechtigten Gesellschafteranteilen auch ein Aufgeld bezahlt.

3.3.3 Gewinnrücklagen

Inhalt/Bedeutung: Auch die Gewinnrücklagen sind Teil des Eigenkapitals. Sie entstehen aus Jahresüberschüssen, die nicht an die Eigner ausgeschüttet, sondern **thesauriert,** d. h. ihrem Eigenkapital gutgeschrieben werden. Thesaurierte Gewinne erhöhen so das Eigenkapital. Gewinnrücklagen sind vor allem in Verlustjahren überlebenswichtig. Kann ein Gewinn ausgeschüttet oder aber thesauriert werden, muss ein entstandener Jahresfehlbetrag mittelfristig (siehe Verlustvorträge) mit dem vorhandenen Eigenkapital verrechnet werden. Wenn das Eigenkapital durch Jahresfehlbeträge aufgezehrt ist, liegt **Überschuldung** vor. Je mehr Gewinnrücklagen in ertragsstarken Jahren gebildet werden, desto länger ist das Unternehmen in Verlustjahren vor der Überschuldung gesichert. Eine vorgeschriebene Rücklagenbildung existiert nur bei Aktiengesellschaften **(gesetzliche Rücklage). Satzungsmäßige Rücklagen** bedürfen der Vereinbarung in der Satzung der Gesellschaft. **Andere Gewinnrücklagen** können in jedem Jahr beliebig neu gebildet werden.

3.3.4 Gewinn- und Verlustvortrag

Inhalt/Bedeutung: Ein erzielter Jahresüberschuss kann ganz bzw. teilweise vom Unternehmen ausgeschüttet oder aber in die Gewinnrücklagen thesauriert werden. Wenn diese Entscheidung bis zum Zeitpunkt der Feststellung des Jahresabschlusses von den Gesellschaftern noch nicht endgültig getroffen ist, wird er auf neue Rechnung vorgetragen. Im Eigenkapital entsteht die Position Gewinnvortrag. Ein Jahresfehlbetrag muss nicht sofort im Jahr der Entstehung mit den Gewinnrücklagen verrechnet werden. Vielmehr ist ein Verlustvortrag möglich. Dieser Vortrag kann und muss dann mit den Jahresüberschüssen der Folgejahre verrechnet werden.

3.3.5 Jahresüberschuss und Bilanzgewinn

Inhalt/Bedeutung: Der Jahresüberschuss stellt den Überschuss der Erträge über die Aufwendungen dar, der in diesem Geschäftsjahr erzielt wurde. Die Position Jahresüberschuss in der Bilanz stimmt mit der Position Jahresüberschuss, wie er in der GuV des Geschäftsjahres ermittelt wird, überein.

Bilanzpolitik: Die Bilanz darf auch unter Berücksichtigung der vollständigen oder teilweisen Verwendung des Jahresergebnisses aufgestellt werden (§ 268 Abs. 1 HGB). Die Darstellung ohne Berücksichtigung der Verwendung bedeutet, dass im Eigenkapital die Position **Jahresüberschuss** ausgewiesen wird. Eine teilweise oder vollständige Gewinnverwendung bedeutet, dass Teilbeträge des Jahresüberschusses bereits in den Gewinnvortrag oder aber die Gewinnrücklagen umgebucht wurden. Der verbleibende Betrag wird dann im Eigenkapital als **Bilanzgewinn** ausgewiesen. In diesem Fall ist der Jahresüberschuss höher als der Bilanzgewinn, der zur Ausschüttung bereitsteht. Die Unterscheidung zwischen Bilanzgewinn und Jahresüberschuss ist dann von besonderer Bedeutung, wenn ein geringer Jahresüberschuss oder gar Jahresfehlbetrag durch die Auflösung von freien Gewinnrücklagen und/oder die Verwendung eines Gewinnvortrags zu einem Bilanzgewinn transformiert wird.

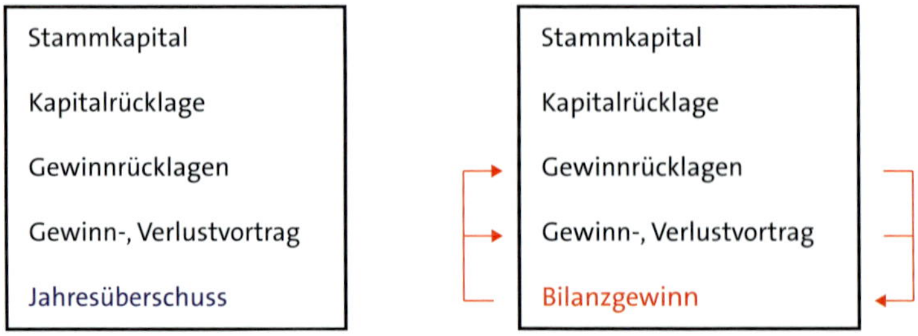

Die Überleitung von Jahresüberschuss zum Bilanzgewinn zeigt die GuV-Rechnung. Sie endet mit der Position Jahresüberschuss und leitet dann auf den Bilanzgewinn über.

MURNAUER METALLWERKE

Beispiel zum Bilanzgewinn

In der Bilanz der Murnauer Metallwerke sind die freien Gewinnrücklagen von € 30 Mio. auf € 16 Mio. gesunken. Ein Gewinn- oder Verlustvortrag ist nicht vorhanden. Die Gesellschaft weist allerdings keinen Jahresüberschuss sondern einen Bilanzgewinn in Höhe von € 5 Mio. in diesem Jahr und im Vorjahr aus. Ein Blick auf das Ende der Gewinn- und Verlustrechnung zeigt die Überleitung. Eigentlich hat das Unternehmen in diesem Jahr einen Jahresfehlbetrag von € 8,9 Mio. Durch die Entnahme von € 14 Mio. aus der freien Gewinnrücklage (siehe Bewegung in der Bilanz) wurde der Jahresfehlbetrag zu einem Bilanzgewinn aufgebessert. Günter staunt, zumal auch im Vorjahr € 0,5 Mio. aus den Gewinnrücklagen genommen wurden. „Und was geschieht mit dem Bilanzgewinn?", fragt Günter. „Schauen Sie in den Anhang", erwidert Werner Württemberger mit einem vielsagenden Nicken. Nach kurzem Blättern findet Günter die Überschrift: Verwendungsvorschlag für den Bilanzgewinn. Der Bilanzgewinn wird, auf Beschluss der Gesellschafter, wie im Vorjahr ausgeschüttet. Es sind also nicht nur Gerüchte. Die Gesellschafter entziehen der Gesellschaft massiv Eigenkapital. Günter nimmt den Rotstift und notiert sich eine Frage auf sein Notizblatt. Gut, schauen wir uns den Rest der Passivseite an.

3.4 Die Bilanz – Passivseite: Fremdkapital

3.4.1 Rückstellungen

Inhalt/Bedeutung: Rückstellungen werden oft mit Rücklagen verwechselt. Rücklagen sind Eigenkapital. Rückstellungen sind Fremdkapital. Es sind Verpflichtungen, die am Abschlussstichtag wahrscheinlich oder sicher, hinsichtlich ihrer Höhe oder des Zeitpunkts ihres Eintritts aber noch unbestimmt sind (§ 249 HGB). Hintergrund der Rückstellungsbildung ist das Vorsichtsprinzip. Würden nur jene Aufwendungen im Jahresabschluss berücksichtigt, die zu 100 % greifbar sind, könnte der Jahresüberschuss zu hoch ausgewiesen werden. Ein zu hoch ausgewiesener Jahresüberschuss, der zur Ausschüttung kommt, entzieht dem Unternehmen jene Haftungsmasse, auf die sich die Gläubiger verlassen müssen. Rückstellungen dienen also dem periodengerechten Gewinnausweis. Zu unterscheiden sind nach § 249 HGB Rückstellungen für ungewisse Verbindlichkeiten, Rückstellungen für drohende Verluste aus schwebenden Geschäften und Aufwandsrückstellungen. **Rückstellungen für ungewisse Verbindlichkeiten** werden z. B. gebildet, wenn das Unternehmen zum Stichtag noch nicht alle Rechnungen für in Anspruch genommene Leistungen erhalten hat oder noch mit Garantieaufwendungen aus dem abgelaufenen Geschäftsjahr rechnet, deren Höhe oder Eintritt noch nicht exakt bestimmbar ist. **Rückstellungen für drohende Verluste aus schwebenden Geschäften** entstehen, wenn bereits zum Stichtag absehbar ist, dass das Unternehmen aus einer eingegangen Leistungsverpflichtung (die erst im Folgejahr zum Abschluss kommt) Verluste erleiden wird. Typische Beispiele für **Aufwandsrückstellungen** sind unterlassene Instandhaltungsmaßnahmen, die eigentlich noch im abgelaufenen Geschäftsjahr geplant waren (§ 249 Abs. 1 Nr. 1 HGB).

Ansatz: Rückstellungen dürfen also nicht für alle denkbaren Risiken gebildet werden, sondern nur für ihrer Eigenart nach genau umschriebene, dem Geschäftsjahr oder einem früheren Geschäftsjahr zuzuordnende Aufwendungen. § 266 HGB gliedert die Rückstellungen in drei Bereiche.

Bereich 1: **Rückstellungen für Pensionen und ähnliche Verpflichtungen.** Wenn ein Unternehmen seinen Mitarbeitern Pensionszusagen macht, werden diese Ansprüche von den Mitarbeitern mit jedem Jahr ihrer Zugehörigkeit Stück für Stück erarbeitet. Im laufenden Geschäftsjahr entstehen für das Unternehmen Personalaufwendungen aus den tatsächlichen

Lohn- bzw. Gehaltszahlungen aber auch aus den erarbeiteten Anrechten auf Altersversorgung. Lohn- und Gehaltsaufwand kommt direkt zur Auszahlung. Ob die Pensionsansprüche aber tatsächlich in Anspruch genommen werden, ist zu diesem Zeitpunkt noch ungewiss. Der Rückstellungscharakter ist so gegeben.

Bereich 2: **Steuerrückstellungen.** Unternehmen ermitteln auf Basis ihres Jahreserfolgs ihren potentiellen Steueraufwand und damit ihre Steuerschuld. Zum Zeitpunkt der Erstellung des Jahresabschlusses ist noch keine Prüfung durch das Finanzamt erfolgt und noch kein endgültiger Bescheid über die Steuerzahllast ergangen. Insofern ist auch hier der Rückstellungscharakter gegeben.

Bereich 3: **Sonstige Rückstellungen.** Unter den sonstigen Rückstellungen finden sich alle anderen Rückstellungen wie Garantiefälle, Prozessrisiken, Urlaubs- und Überstunden, drohende Verluste aus schwebenden Geschäften etc.

Bewertung: Die Höhe der Rückstellung wird vom zugrunde liegenden Geschäftsvorfall bestimmt. Bei Rückstellungen für Pensionen lässt sich dieser Betrag mathematisch errechnen. Bei Prozessrisiken ist die maximale Summe einer Abfindung oder Schadensersatzsumme greifbar. Muss allerdings eine Rückstellung für den Rückbau einer Immobilie gebildet werden, z. B. für ein Kernkraftwerk, müssen Gutachten erstellt werden. Aus Gläubigerschutzgründen werden Rückstellungen eher zu hoch als zu niedrig bewertet.

Bilanzpolitik: Tritt ein Garantiefall wirklich ein oder geht ein Gerichtsprozess wirklich verloren, wird der Rückstellungsbetrag verbraucht. Ist der tatsächliche Aufwand höher als der Rückstellungsbetrag aus dem vorangegangenen Geschäftsjahr, entsteht zusätzlicher Aufwand. War die Rückstellung zu hoch dotiert, kann der Restbetrag aufgelöst werden. Hier entsteht in voller Höhe Ertrag. Bilanzpolitik ist insofern möglich, als Rückstellungen in guten Geschäftsjahren sehr großzügig dotiert und in schlechten Jahren teilweise wieder reduziert werden.

MURNAUER METALLWERKE

In der Bilanz der Murnauer Metallwerke sind die sonstigen Rückstellungen von € 13,7 auf € 17,9 Mio. gestiegen. Neben Rückstellungsverbrauch und Auflösung sind also vor allem neue Rückstellungen gebildet worden. Günter kann sich spontan keine Aufwendungen in dieser Größenordnung vorstellen, die auf seine Firma potentiell zukommen oder bereits verursacht sind, aber hinsichtlich ihrer Höhe oder des Zeitpunkts ihres Eintritts noch unbestimmt sind. Deshalb blättert er wieder im Anhang. Die Erhöhung der Rückstellungen steht wesentlich in Zusammenhang mit notwendigen Restrukturierungsmaßnahmen. Werner Württemberger ergänzt: „Wenn wir heute beschließen, im kommenden Jahr 200 Mitarbeiter zu entlassen und wir wissen, dass hier ein Sozialplan notwendig wird, muss das Unternehmen bereits heute Rückstellungen bilden." Das könnte eine Erklärung für die Restrukturierungsmaßnahmen sein, es gibt aber auch noch andere Möglichkeiten. Günter würde am liebsten gleich mit seinen Kollegen telefonieren. Besser ist allerdings eine genaue Prüfung. Deshalb notierte er den Sachverhalt auf seinem Fragezettel.

3.4.2 Verbindlichkeiten

Inhalt/Bedeutung: Verbindlichkeiten sind all jene Verpflichtungen des Unternehmens, die rechtlich entstanden und hinsichtlich ihrer Höhe und des Zeitpunkts ihres Eintritts bestimmt sind. Typische Beispiele sind Verbindlichkeiten aus erhaltenen Lieferungen bzw. Leistungen oder Darlehensverbindlichkeiten gegenüber einer Bank. In der Bilanz werden die Verbindlichkeiten spiegelbildlich zur Gliederung der Forderungen aufgeschlüsselt.

Ansatz: Jede Verpflichtung, die rechtlich sicher entstanden und im Unterschied zur Rückstellung hinsichtlich ihrer Höhe und des Zeitpunkts ihres Eintritts bestimmt ist, wird als Verbindlichkeit angesetzt.

Bewertung: Verbindlichkeiten werden mit ihrem Erfüllungsbetrag passiviert (§ 253 Abs. 1 Satz 2 HGB).

Informationen im Anhang: Wie bei den Forderungen existiert auch für die Verbindlichkeiten im Anhang ein Verbindlichkeitsspiegel. Darin werden die Verbindlichkeiten gemäß ihrer verbleibenden Laufzeit aufgegliedert.

Bilanzpolitik: Mit Verbindlichkeiten kann keine Bilanzpolitik gemacht werden. Entweder die Verpflichtung ist entstanden oder nicht. Werden Verbindlichkeiten eingebucht, die nicht entstanden sind, liegt ein Fall der Bilanzfälschung vor.

MURNAUER METALLWERKE

Die Verbindlichkeiten der Murnauer Metallwerke sind von € 20,3 Mio. auf € 29,7 Mio. gestiegen. „Im Wesentlichen ist diese Veränderung auf das Anwachsen der Verbindlichkeiten gegenüber Kreditinstituten zurückzuführen“, erklärt Werner Württemberger. „Die Finanzierungsstruktur hat sich also verändert. Wenn wir massiv Eigenkapital abbauen, die Bilanzsumme sich aber nicht gleich stark verkleinert, müssen wir dementsprechend mehr über Fremdkapital finanzieren. Das schafft Abhängigkeiten und verursacht Zinsaufwendungen. Präzise Aussagen zu den veränderten Relationen liefern die Bilanzkennzahlen, die sollten Sie sich unbedingt ansehen. Zu diesem Thema empfehle ich Ihnen ein Treffen mit meinem Kollegen Wolfgang Baier, der ist dafür Experte.“ „Sehr gut, das mach ich“, meint Günter.

„Damit haben wir die Bilanz abgeschlossen. In der Gewinn- und Verlustrechnung werden wir uns jetzt die Erträge und Aufwendungen des Unternehmens anschauen. Den Jahresfehlbetrag mit € 8,9 Mio. und den Bilanzgewinn von € 5 Mio. haben wir ja bereits betrachtet. Ich werde Ihnen jetzt, wie bei der Bilanz, zunächst den ganzen Aufbau der GuV erklären. Dann gehen wir den Inhalt und die Bedeutung jeder einzelnen Position durch. Die Analyse der Ursachen für den Jahresfehlbetrag wird dann Herr Baier mit seinen Kennzahlen mit Ihnen erarbeiten.“

4

Die Gewinn- und Verlustrechnung im Detail

In diesem Kapitel erfahren Sie

1. wie eine Gewinn- und Verlustrechnung im Detail aufgebaut ist,
2. worin sich das Gesamtkosten- und das Umsatzkostenverfahren unterscheiden,
3. wie Sie die Gewinn- und Verlustrechnung für eine erste Ergebnisanalyse strukturieren können.

In der Gewinn- und Verlustrechnung werden alle Erträge und Aufwendungen des abgelaufenen Wirtschaftsjahres erfasst. Diese Rechnung ist in **Staffelform** aufgebaut, d. h. Erträge und Aufwendungen werden untereinander geschrieben und als Differenz resultiert der Jahresüberschuss.

Nur Kapitalgesellschaften sind an das vorgeschriebene **Gliederungsschema** des **§ 275 HGB** gebunden. In der Praxis halten sich allerdings nahezu alle Unternehmen daran.

Nach § 275 Abs. 1 HGB haben die Unternehmen die Wahl zwischen zwei Gliederungsvarianten, dem **Gesamtkostenverfahren** und dem **Umsatzkostenverfahren.** Beide führen zur gleichen Höhe des Jahresüberschusses. Sie unterscheiden sich nur in der Art der Darstellung.

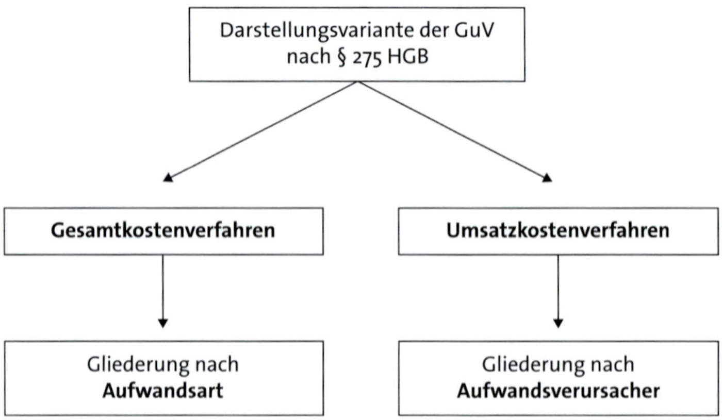

4.1 Das Gesamtkostenverfahren

Das Gesamtkostenverfahren wird von den meisten deutschen Unternehmen genutzt. Es stellt die Aufwendungen nach **Aufwandsarten** in der Gewinn- und Verlustrechnung dar. So werden die gesamten Personalaufwendungen oder Materialaufwendungen den Erträgen gegenübergestellt.

MURNAUER METALLWERKE

Beispiel zum Gliederungsverfahren nach § 275 Abs. 1 HGB

Günter schaut in seine GuV und sieht sowohl die Zeile „Personalaufwand" als auch das Wort „Materialaufwand". Er erkennt dadurch sofort, dass die Murnauer Metallwerke das Gesamtkostenverfahren anwenden.

Die erste Position in der Gewinn- und Verlustrechnung (GuV) sind die Umsatzerlöse.

4.1.1 Umsatzerlöse

Die Umsatzerlöse sind die Hauptertragsquelle eines Unternehmens. Verkauft ein Unternehmen seine Produkte oder Dienstleistungen, entstehen Umsatzerlöse. Hat der Kunde bereits bezahlt, hat sich der Bestand an liquiden Mitteln beim Unternehmen erhöht. Steht die Zahlung noch aus, wurde in der Bilanz eine Forderung aus Lieferung und Leistungen gebucht. Umsatzerlöse dürfen natürlich erst ausgewiesen werden, wenn das zugrunde liegende Geschäft auch tatsächlich nach dem **Realisationsprinzip** realisiert ist (siehe zum Realisationsprinzip 2.2 Grundsätze ordnungsgemäßer Buchführung).

4.1.2 Bestandsveränderung

Mit der Bestandsveränderung wird in der GuV ein Lageraufbau oder ein Lagerabbau selbst erstellter Erzeugnisse berücksichtigt. Werden Erzeugnisse hergestellt, entstehen Materialaufwendungen, Personalaufwendungen und vieles mehr. Diese Aufwendungen sind in der GuV berücksichtigt. Werden die Erzeugnisse im Geschäftsjahr auch verkauft, stehen den Produktionsaufwendungen in der GuV die Umsatzerlöse dieser Produkte als Ertrag gegenüber. Werden die Produkte nicht verkauft und damit der Lagerbestand erhöht, wird diese positive Bestandsveränderung den Produktionsaufwendungen in der GuV gegenübergestellt.

Ein Lageraufbau wird folglich als Ertrag, ein Lagerabbau als zusätzlicher Aufwand qualifiziert.

4.1.3 Andere aktivierte Eigenleistungen

Wenn Unternehmen Maschinen, Büromöbel oder auch Gebäude benötigen, haben sie grundsätzlich die Möglichkeit, diese Vermögensgegenstände von Dritten zu erwerben. Sie können sie aber auch selbst erstellen. So kann die hausinterne Tischlerei z. B. spezielle Regale fertigen und einbauen. Der Bau des Regals verursacht Personalaufwand und Materialaufwand in der GuV. Gleichzeitig geht der Bilanz unter der Position Betriebs- und Geschäftsausstattung ein Vermögensgegenstand in Höhe der Herstellkosten des Regals zu. Diese aktivierte Eigenleistung wird in der GuV als Ertrag den verursachten Aufwendungen für die Eigenleistung gegenübergestellt. Aufwand und Ertrag saldieren sich in der GuV damit.

4.1.4 Sonstige betriebliche Erträge

Bei den sonstigen betrieblichen Erträgen finden sich alle Erträge des Unternehmens, die nicht Umsatzerlöse sind und die nichts mit dem Bereich der Finanzen (Zinsen, Dividenden etc.) zu tun haben. Darunter fallen z. B.

- Erträge aus dem Verkauf von Vermögen über Buchwert,
- Eingang von wertberichtigten Forderungen,
- Versicherungsleistungen im Schadensfall,
- Auflösung von Rückstellungen.

4.1.5 Materialaufwand

Die Position Materialaufwand ist in zwei Unterbereiche aufgeteilt. Zum einen in die Aufwendungen für Roh-, Hilfs- und Betriebsstoffe und für bezogene Waren. Hier wird der Verbrauch an Rohmaterial zur Herstellung der fertigen Erzeugnisse berücksichtigt. Ebenso der Wareneinsatz zur Erzielung der Umsatzerlöse. Zum anderen werden die Aufwendungen für bezogene Leistungen dargestellt. Typische Beispiele für bezogene Leistungen sind die Aufwendungen für Fremdfirmen, die das Unternehmen im Leistungsprozess unterstützen.

4.1.6 Personalaufwand

Wie der Materialaufwand, ist auch der Personalaufwand in zwei Bereiche geteilt. Unter der Position Löhne und Gehälter wird das Bruttoentgelt aller Arbeitnehmer dargestellt. In der Position soziale Abgaben und Aufwendungen für Altersversorgung und für Unterstützung sind die Arbeitgeberanteile zur Sozialversicherung und die Aufwendungen für die neu entstandenen Pensionsansprüche (vgl. Pensionsrückstellungen) sowie laufende Unterstützungen an Betriebsangehörige enthalten. Zusammenfassend gilt: In der Position Personalaufwand sind alle Aufwendungen, die auf Basis eines Anstellungsvertrags entstanden sind, enthalten.

4.1.7 Abschreibungen

Wenn ein Unternehmen produziert oder Leistungen erbringt, werden die dafür notwendigen Vermögensgegenstände, wie Maschinen, Werkzeuge oder auch Immobilien im Wert verbraucht. Dieser Werteverzehr stellt einen Aufwand dar und wird deshalb in der GuV als Abschreibung auf Vermögensgegenstände berücksichtigt.

4.1.8 Sonstige betriebliche Aufwendungen

Die sonstigen betrieblichen Aufwendungen sind, wie die sonstigen betrieblichen Erträge, ein Sammelbecken. Alle Aufwendungen, die im Zusammenhang mit dem Betrieb des Unternehmens stehen und unter den bisherigen Überschriften keinen Platz gefunden haben, werden hier eingebucht. Darunter fallen die Aufwendungen für Büromaterial, Mieten, Strom, Versicherungen usw. Aufgrund der Vielzahl dieser Aufwendungen stellt diese Position meist einen wesentlichen Posten in der Aufwandsstruktur der GuV dar.

MURNAUER METALLWERKE

Beispiel zur GuV-Analyse – Betriebsergebnis

Das **Betriebsergebnis** ist ein Zwischenergebnis in der GuV-Rechnung. Es fasst in der Reihenfolge der Gliederung nach § 275 Abs. 2 HGB die Positionen „Umsatzerlöse" bis einschließlich den „sonstigen betrieblichen Aufwand" zusammen. Alle diese Erträge haben direkt mit der Geschäftstätigkeit und damit der Marktleistung des Unternehmens zu tun. Für die Beurteilung der eigentlichen Ertragskraft ist das Betriebsergebnis daher ein wichtiger Indikator.

Das Betriebsergebnis der Murnauer Metallwerke GmbH hat sich im Vergleich zum Vorjahr drastisch verschlechtert. Es ist von € +8.600.000 auf € -1.564.913 eingebrochen. Wo liegen die Ursachen?

Die Summe der Erträge hat sich mit € 158,2 Mio. zu € 151,9 Mio. im Vergleich zum Vorjahr sogar um € 6,3 Mio. verbessert. Die Personalaufwendungen sind von € 52,8 Mio. auf € 46,8 Mio. ebenfalls um € 6,5 Mio. gesunken. In der Summe müsste die GmbH also um € 12,8 Mio. besser dastehen. Die sonstigen betrieblichen Aufwendungen sind allerdings auch um € 7 Mio. gestiegen. Wirklich verantwortlich für den drastischen Einbruch des Betriebsergebnisses sind aber die Materialaufwendungen. Sie sind um € 16 Mio. gestiegen.

Günter sucht nach einer Erklärung für die gestiegenen Materialaufwendungen. Er hat im vergangen Jahr keinerlei Informationen bekommen, dass sich die Einkaufspreise für Rohmaterial erhöht hätten oder dass außergewöhnlich viel Ausschuss produziert worden wäre. Plötzlich schießt ihm ein Gedanke durch den Kopf. Auf der Aktivseite der Bilanz bei der Position „fertige Erzeugnisse und Waren", sind ihm die wertmäßig hohen Lagerbestände aufgefallen. Die Ursache waren die Bremsscheiben, die Elektronik und die Stoßdämpfer, die seit Anfang des Jahres bei der Tochtergesellschaft in Tschechien gefertigt werden. Diese kommen schon fertig verpackt mit dem Aufdruck der Murnauer Metallwerke hier an. Sie werden direkt an den Kunden weiterveräußert. Wenn diese Ware also sehr teuer von der Tochtergesellschaft gekauft wird, wäre das der Grund für den drastischen Anstieg der Materialaufwendungen. Das käme einer bewussten Gewinnverlagerung zur tschechischen Tochter gleich. Günter notiert sich den Sachzusammenhang auf seinem Notizblock. Sicher ist an dieser Stelle schon mal eins für ihn: Das schlechte Jahresergebnis hat nichts mit den Personalaufwendungen zu tun.

4.1.9 Erträge aus Beteiligungen

Erträge aus Beteiligungen sind Dividenden, Gewinnanteile und andere ausgeschüttete Gewinne, die dem Unternehmen aus Beteiligungsbesitz zufließen (vgl. Finanzanlagen).

4.1.10 Erträge aus anderen Wertpapieren und Ausleihungen des Finanzanlagevermögens

In dieser Position werden Dividendenerträge und sonstige Erträge aus Wertpapieren sowie Zinserträge aus Ausleihungen an verbundene Unternehmen ausgewiesen.

4.1.11 Sonstige Zinsen und ähnliche Erträge

Aus den bisherigen Positionen ergibt sich, dass hier alle Zinsen und Erträge ausgewiesen werden, die nichts mit Finanzanlagen zu tun haben. Darunter fallen Zinsen aus Bankguthaben oder Forderungen an Dritte, sowie Zinsen aus Wertpapieren des Umlaufvermögens.

4.1.12 Abschreibungen auf Finanzanlagen und auf Wertpapiere des Umlaufvermögens

In dieser Position werden alle Abschreibungen auf Finanzanlagen und auf die Wertpapiere des Umlaufvermögens berücksichtigt. Speziell die Abschreibungen auf die Finanzanlagen lassen sich nochmals differenziert im Anlagespiegel nachvollziehen.

4.1.13 Zinsen und ähnliche Aufwendungen

Unter den Zinsen und ähnlichen Aufwendungen sind alle Aufwendungen berücksichtigt, die dem Unternehmen in Zusammenhang mit der Inanspruchnahme von Fremdkapital entstanden sind. Darunter fallen neben Kreditzinsen auch Überziehungszinsen, Kontoführungsgebühren oder Bereitstellungsprovisionen für neue Kredite.

MURNAUER METALLWERKE

Beispiel zur GuV-Analyse – Finanzergebnis

Das **Finanzergebnis** ist, wie das Betriebsergebnis, ein Zwischenergebnis in der GuV-Rechnung. Es fasst in der Reihenfolge der Gliederung nach § 275 Abs. 2 HGB die Positionen „Erträge aus Beteiligungen" bis einschließlich den „Zinsen und ähnlichen Aufwendungen" zusammen. Alle diese Erträge und Aufwendungen haben mit der Finanzdimension des Unternehmens zu tun.

Das Finanzergebnis der Murnauer Metallwerke GmbH ist von € +124.000 im Vorjahr auf € -6.668.000 abgestürzt. Worin liegen die Ursachen?

Der Zinsaufwand ist wesentlich gestiegen, was mit den höheren Darlehen auf der Passivseite der Bilanz korrespondiert. Umgekehrt sind die Zinserträge aufgrund der reduzierten Liquidität auf der Aktivseite der Bilanz gesunken. Die Erträge aus Beteiligungen und anderen Wertpapieren lieferten im Vergleich zum Vorjahr einen wesentlich höheren, positiven Beitrag. Ebenso mussten weniger Verluste von Tochterunternehmen übernommen werden. Insgesamt hätte sich damit für das laufende Geschäftsjahr ein deutlich verbessertes Finanzergebnis gegenüber dem Vorjahr ergeben. Der entscheidend verlustbringende Faktor waren aber die Abschreibungen auf Finanzanlagen mit € 6 Mio.

Günter sucht nach Antworten. Im Anlagespiegel findet er die Abschreibung im Bereich der Anteile an verbundenen Unternehmen wieder (Spalte Abschreibungen des Geschäftsjahres). Damit weiß er zumindest, dass es sich um einen Abschreibungsbedarf bei einem Konzernunternehmen gehandelt hat. Welche Firma das genau war und warum die Abschreibung vorgenommen wurde, ist eine weitere Frage auf seinem Notizblock.

4.1.14 Ergebnis vor Steuern

Das Ergebnis vor Steuern muss nicht gemäß § 275 Abs. 2 Nr. 14 HGB als Zwischenergebnis in der GuV ausgewiesen werden. Das zuvor beschriebene Betriebsergebnis und das Finanzergebnis sind ebenfalls freiwillige Zwischensummen. Verzichtet das publizierende Unternehmen auf diese freiwilligen Zwischensummen, empfiehlt es sich stets, selbst die Teilsummen zu bilden. Damit erleichtert sich die Analyse der GuV wesentlich.

MURNAUER METALLWERKE

Beispiel zum Ergebnis vor Steuern

Das Ergebnis der gewöhnlichen Geschäftstätigkeit hat sich bei den Murnauer Metallwerken von € +8.7 Mio. auf € -8,2 Mio. um € 16,9 Mio. verschlechtert. Vor diesem Hintergrund spricht der Geschäftsführer zu recht von einem drastischen Ergebniseinbruch. Um Gegenmaßnahmen ergreifen zu können, die an der richtigen Stelle ansetzen, müssen die Ursachen exakt analysiert werden. Speziell der Abbau von Arbeitsplätzen schafft zwar kurzfristig Entlastung, löst aber nur in seltenen Fällen den eigentlichen Engpass des Unternehmens.

Bei den Murnauer Metallwerken haben sich sowohl das Betriebs- als auch das Finanzergebnis drastisch verschlechtert. Das negative Finanzergebnis wird vor allem durch die Abschreibung des Anteilswertes an einem anderen Unternehmen ausgelöst. Dieser Effekt ist einmalig und beeinflusst das Gesamtergebnis, es hat aber nichts mit der Leistungsfähigkeit des Unternehmens zu tun, sondern mit der Leistung des Managements. Der Einbruch des Betriebsergebnisses wird dominiert durch die gestiegenen Materialkosten. Darin enthalten sind die bewusst teuer gestalteten Zukäufe von einem ausländischen Tochterunternehmen. Auch hier besteht keinerlei Verbindung zur Position Personalaufwand.

4.1.15 Steuern vom Einkommen und vom Ertrag

Kapitalgesellschaften sind juristische Personen. Sie sind vor dem Steuergesetz selbst mit ihren Gewinnen steuerpflichtig. So bezahlen Kapitalgesellschaften Körperschaftssteuer von derzeit 15 % und Gewerbeertragssteuer, die je nach Standort ungefähr 16 % beträgt. Ebenso sind hier Kapitalertragssteuern ausgewiesen, die das Unternehmen für erhaltene Kapitalerträge entrichten musste.

4.1.16 Sonstige Steuern

Alle Steuern, die nicht Ertragssteuern sind und vom Unternehmen bezahlt werden müssen, werden hier berücksichtigt. Darunter fallen vor allem die Grundsteuer und die Kraftfahrzeugsteuer.

4.1.17 Jahresüberschuss

Der **Jahresüberschuss** ist das absolute Ergebnis, das das Unternehmen nach Abzug aller Aufwendungen inklusive der Steuern erzielt hat. Mit dem Jahresüberschuss bzw. Jahresfehlbetrag schließt sich der Kreis zu unseren Erkenntnissen aus der Bilanz. Der Jahresüberschuss kann entweder an die Eigner des Unternehmens ausgeschüttet werden oder verbleibt im Unternehmen. Ein Jahresüberschuss, der nicht ausgeschüttet, sondern thesauriert wird, erhöht das vorhandene Eigenkapital. Die Entscheidung darüber, wie viel Jahresüberschuss zur Ausschüttung kommt und wie viel Jahresüberschuss in einen Gewinnvortrag geht bzw. in die Rücklagen eingestellt wird, liegt bei den Gesellschaftern. Wird ein Teil des Jahresüberschusses bis zur Veröffentlichung der Bilanz bereits innerhalb des Eigenkapitals verwendet, ändert sich auch die Darstellung in der Bilanz. Der im Eigenkapital ausgewiesene Restgewinn, der zur Ausschüttung bereitsteht, wird nicht mehr als Jahresüberschuss, sondern als **Bilanzgewinn** bezeichnet.

Stammkapital	8.000
Kapitalrücklage	2.000
Gewinnrücklagen	1.500
Gewinnvortrag	1.200
Jahresüberschuss	3.000
Summe	15.700

Stammkapital	8.000
Kapitalrücklage	2.000
Gewinnrücklagen	2.500
Gewinnvortrag	2.200
Bilanzgewinn	1.000
Summe	15.700

Die Überleitung des Jahresüberschusses auf den Bilanzgewinn findet sich stets in der GuV. Sie endet zunächst mit dem Jahresüberschuss. Dann werden die Bewegungen im Eigenkapital dargestellt. Der Bilanzgewinn bildet dann den Abschluss der GuV des Geschäftsjahres.

MURNAUER METALLWERKE

Beispiel zu Jahresüberschuss und Bilanzgewinn

Die Murnauer Metallwerke haben in diesem Jahr einen Jahresfehlbetrag von € -8,9 Mio. In der Bilanz weisen sie jedoch einen Bilanzgewinn von € 5 Mio. aus. Die Überleitung des Jahresüberschusses auf den Bilanzgewinn am Ende der GuV zeigt, welche Bewegung stattgefunden hat. Aus der Gewinnrücklage wurden € 14 Mio. entnommen. Die Bewegungen im Eigenkapital haben also zum einen die oben beschriebene Richtung, bei der Gewinne in den Gewinnvortrag oder die Kapitalrücklage eingestellt werden. Zum anderen können aber auch entstandene Fehlbeträge durch eine Entnahme aus den freien Gewinnrücklagen und eine Verrechnung mit einem Gewinnvortrag ausgeglichen werden. Wie das Beispiel der Murnauer Metallwerke zeigt, kann sogar aus einem Jahresfehlbetrag ein Bilanzgewinn entstehen, der dann zur Ausschüttung kommt.

Günter nimmt sich die Bilanz zur Hand und schaut sich die Höhe der freien Gewinnrücklagen an. Ein Gewinnvortrag aus den Vorjahren ist nicht vorhanden.

Mit der diesjährigen Entnahme aus den Gewinnrücklagen in Höhe von € 14 Mio. haben sich die Rücklagen fast halbiert. Sollte die gleiche Entscheidung im kommenden Jahr nochmals fallen, weil sich der Jahresüberschuss nicht erholt hat, werden alle Rücklagen aufgezehrt sein. Günter überlegt, welchen Hintergrund die Entscheidung der Geschäftsleitung haben könnte. Was soll mit dem Bilanzgewinn geschehen? Werner Württemberger deutet auf den Anhang. Günter blättert und findet unter der Überschrift „Vorschlag zur Verwendung des Bilanzgewinns" den entscheidenden Hinweis. Der Bilanzgewinn soll an die Gesellschafter ausgeschüttet werden. Das erscheint Günter paradox. Das Unternehmen befindet sich in einer Krisensituation und gleichzeitig werden Rücklagen für eine Ausschüttung an die Gesellschafter aufgelöst. Er nimmt sich seinen Notizblock. Diesen Zusammenhang möchte er in der nächsten Sitzung thematisieren.

Günter schreibt den Satz zu Ende und schaut, eher zufällig, auf seine Uhr. Es ist schon fast 17 Uhr. Wie schnell doch die Zeit seit heute Morgen vergangen ist.

„Mit der Erläuterung des Jahresabschlusses wären wir jetzt fertig", sagt Werner Württemberger, „Sie können wirklich stolz auf sich sein, Herr Kleinschmitt. Sie haben sich in wenigen Stunden ein geballtes, theoretisches und praktisches Wissen zum Jahresabschluss angeeignet. Es ist zwar schon 17 Uhr, aber ich würde Ihnen noch gerne in ein paar Sätzen das Umsatzkostenverfahren erklären. Die Murnauer Metallwerke benutzen zwar das Gesamtkostenverfahren, wenn Sie sich die kommenden Wochen allerdings auch die Jahresabschlüsse der Tochtergesellschaften anschauen, sollten wir ausschließen, dass Sie dort auf ein Umsatzkostenverfahren in der GuV stoßen und sich nicht zurechtfinden. Und dann sollten wir es für heute gut sein lassen. Ist das ok für Sie?" „Und ob das ok ist." entgegnet Günter dankbar.

4.2 Das Umsatzkostenverfahren

Das Umsatzkostenverfahren wird meist von Unternehmen angewandt, deren Geschäftsmodell sehr vertriebsnah ist. So wählen klassische Handelsorganisationen meist dieses Verfahren. Insgesamt unterscheidet sich das Umsatzkosten- vom Gesamtkostenverfahren nur in der Gliederung des Betriebsergebnisses. Beide Verfahren führen zum gleichen Ergebnis, nur die Zuordnung der Aufwendungen erfolgt in anderen Überschriften.

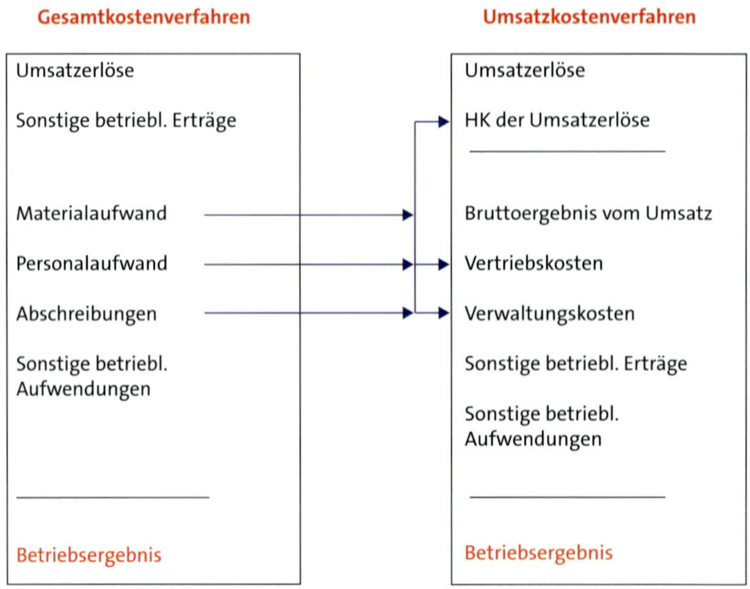

Wie beim Gesamtkostenverfahren werden in den **Umsatzerlösen** alle Erträge erfasst, die aus dem Verkauf der Waren, fertigen Erzeugnisse oder Dienstleistungen des Unternehmens stammen.

In den **Herstellungskosten der zur Erzielung der Umsatzerlöse erbrachten Leistungen** finden sich alle Aufwendungen, die für Wareneinsatz sowie die Aufwendungen, die für die Erstellung der fertigen Erzeugnisse oder erbrachten Leistungen angefallen sind. Darunter fallen die Materialaufwendungen, Teile der Personalaufwendungen, der Abschreibungen und der sonstigen betrieblichen Aufwendungen.

Als erstes Zwischenergebnis wird beim Umsatzkostenverfahren das **Bruttoergebnis vom Umsatz** ausgewiesen. Aus diesem Bruttoergebnis werden unter anderem die Vertriebs- und Verwaltungsaufwendungen finanziert. Die **Vertriebskosten** enthalten alle Aufwendungen für Marketing und Vertrieb, wie Werbung, Verpackung oder Frachten und die dem Vertrieb zurechenbaren Sach- und Personalaufwendungen. Die **allgemeinen Verwaltungskosten** enthalten alle Aufwendungen dieses Bereichs inklusive der Aufwendungen für die Geschäftsführung, Personalwesen oder auch Lagerverwaltung. Alle anderen Aufwendungen und Erträge, die nicht einer der oben genannten Überschriften zugeordnet werden können, aber mit dem Betriebsergebnis in Verbindung stehen, werden unter den **sonstigen betrieblichen Erträgen** und den **sonstigen betrieblichen Aufwendungen** ausgewiesen.

„Gut, das war es. Am besten, Sie treffen sich gleich morgen mit meinem Kollegen Herrn Baier zum Thema Jahresabschlussanalyse mit Kennzahlen. Dafür haben wir heute das Fundament gelegt. Ich kann Ihnen jetzt schon sagen, dass Sie daraus ganz wesentliche, tiefere Erkenntnisse zu Ihrem Unternehmen gewinnen werden."

„Jetzt hätte ich doch noch eine Frage", erwidert Günter, „wir haben ja bisher den Einzelabschluss der Murnauer Metallwerke analysiert. In dem Artikel aus der Murnauer Neuen Presse sprach Herr Steinbeisser aber auch von einem Konzern. Könnten sie mir bitte noch schnell in ein paar Minuten erklären, was ein Konzern ist?"

Der Konzernabschluss

5

In diesem Kapitel erfahren Sie

1. wie ein Konzern entsteht,
2. welche Elemente ein Konzernabschluss hat,
3. welche Informationen ein Konzernabschluss bereithält.

5.1 Konzernverhältnisse

Ein Konzern ist keine Rechtsform, sondern ein Begriff aus dem Bereich der Rechnungslegung. Ein Konzern liegt nach § 290 HGB vor, wenn ein Unternehmen (die Muttergesellschaft) auf ein oder mehrere andere Unternehmen (die Tochterunternehmen) einen „herrschenden Einfluss" ausüben kann.

Ein beherrschender Einfluss besteht z. B. stets, wenn

1. dem Mutterunternehmen bei den anderen Unternehmen die Mehrheit der Stimmrechte der Gesellschafter zusteht,
2. ihm bei dem anderen Unternehmen das Recht zusteht, die Mehrheit der Mitglieder des die Finanz- und Geschäftspolitik bestimmenden Verwaltungs-, Leitungs- oder Aufsichtsorgans zu bestellen oder abzuberufen und es gleichzeitig Gesellschafter ist,
3. dem Mutterunternehmen das Recht zusteht, die Finanz- und Geschäftspolitik aufgrund eines mit einem anderen Unternehmen geschlossenen Beherrschungsvertrags oder aufgrund einer Bestimmung in der Satzung des anderen Unternehmens zu bestimmen,
4. es bei wirtschaftlicher Betrachtung die Mehrheit der Chancen und Risiken eines Unternehmens trägt, das der Erreichung eines eng begrenzten und definierten Ziels des Mutterunternehmens dient (Zweckgesellschaften).

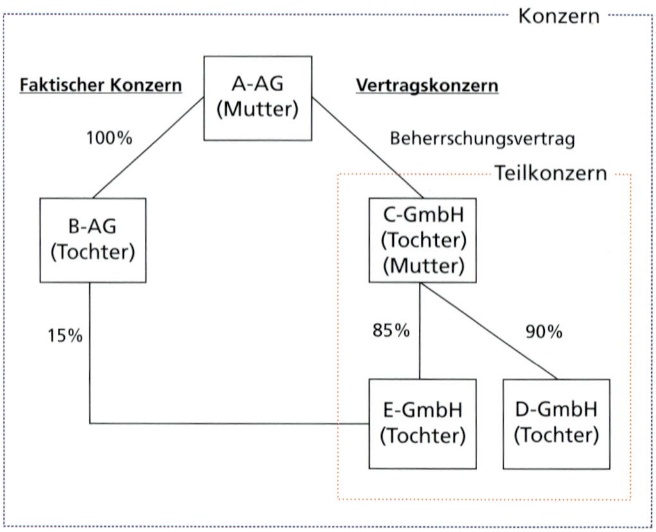

Die beherrschende Leitung mehrerer Unternehmen durch ein Unternehmen bietet viele Vorteile. Als Unternehmensverbund kann auf der Beschaffungsseite Nachfragemacht gebündelt werden. Ebenso können Synergien bei der Leistungserstellung und auf den Absatzmärkten genutzt werden. Auch die Finanzierung der einzelnen Unternehmen ist im Konzernverbund meist besser zu gewährleisten. Letztlich können ertragsstarke Konzerngesellschaften ertragsschwache Konzerngesellschaften über eine gewisse Dauer stützen.

5.2 Konzernrechnungslegung

Eine Rechnungslegung auf der Ebene des Konzerns ist aus verschiedenen Gründen notwendig. Alle Konzernunternehmen sind rechtlich selbständig, sie werden wirtschaftlich aber von der Konzernmutter geleitet. Aufgrund dieser beherrschenden Leitung kann es zu Verlagerungen von Vermögen, Finanzen, Erträgen und Aufwendungen zwischen den Gesellschaften kommen. Jede Gesellschaft muss auf Basis ihrer Rechtsform und Größe selbst einen Jahresabschluss erstellen.

Speziell der Einzelabschluss der Muttergesellschaft verliert aber aufgrund der Vielzahl an denkbaren Vermögens-, Finanz- und Ertragstransfers innerhalb des Konzerns an Aussagekraft. Der Einzelabschluss der Muttergesellschaft ist zwar nach wie vor die Basis für die Gewinnermittlung und die Ausschüttungsbemessung, er muss aber im Informationsinteresse der Gläubiger und Investoren um einen Konzernabschluss ergänzt werden. Der Konzernabschluss sieht dabei alle einheitlich geleiteten Unternehmen als ein Unternehmen an. Entsprechend werden alle Vermögenswerte und alles Kapital in einer Konzernbilanz dargestellt. Alle Aufwendungen und alle Erträge werden in einer Konzern-GuV zusammengefasst. Alle Transfers, die zwischen den Konzerngesellschaften stattgefunden haben, werden **konsolidiert,** d. h. gegeneinander aufgerechnet. So stellt sich in der Konzernbilanz das Nettovermögen und das Nettokapital des gesamten Verbundes dar. Ebenso werden nur die Erträge und Aufwendungen dargestellt, die mit konzernfremden Dritten tatsächlich entstanden sind.

Hochbau GmbH

Anteile an verb. Unternehmen	100	Stammkapital	500
Bankguthaben	800	Darlehen	400

Tiefbau GmbH

Anteile an verb. Unternehmen	500	Stammkapital	100
Waren	200	Darlehen	600

Querbau GmbH

Maschinen	100	Stammkapital	500
Bankguthaben	800	Verbindlichkeiten	400
	2.500		2.500

Konzernbilanz Hochbau GmbH

Maschinen	100	Stammkapital	500
Waren	200	Darlehen	1.000
Bankguthaben	1.600	Verbindlichkeiten	400
	1.900		1.900

BEISPIEL

Konsolidierung im Konzern:
(vgl. die obige Abbildung zum Einzel- und Konzernabschluss)

Eine Hochbau GmbH gründet eine 100 %-Tochtergesellschaft, die Tiefbau GmbH, durch Bareinlage. Auch die Tiefbau GmbH gründet wiederum eine 100 %-Tochtergesellschaft durch Bareinlage, die Querbau GmbH.

Gemäß der Summe der Einzelabschlüsse besitzt der Unternehmensverbund ein Vermögen von 2.500 und ein Kapital von ebenfalls insgesamt 2.500. Aus Sicht der Einheit Konzern, entsprechen die Anteile an verbundenen Unternehmen der Hochbau GmbH aber dem Eigenkapital der Tiefbau GmbH. Die Anteile der Tiefbau GmbH an der Querbau GmbH entsprechen sich ebenfalls. Diese gegenseitigen Verbindungen werden im Rahmen der Kapitalkonsolidierung eliminiert. Im Konzernabschluss zeigt sich damit der Nettowert an Kapital und Vermögen in Höhe von 1.900.

Prüfungs- und Offenlegungspflicht im Konzern

Ein Konzernabschluss besteht aus einer **Konzernbilanz,** einer **Konzern-Gewinn- und Verlustrechnung,** einem **Konzernlagebericht** und einem **Konzernanhang.** Er folgt in seinem Aufbau damit direkt dem Einzelabschluss. Auch Konzernabschlüsse sind prüfungs- und offenlegungspflichtig.

5.3 Analyse des Konzernabschlusses

Reine Informationsfunktion

Ein Konzernabschluss hat eine rein ergänzende Informationsfunktion. Denn die Gewinnermittlung erfolgt nach wie vor auf Basis der Einzelabschlüsse. Auch bleiben die Anspruchsgrundlagen der Gläubiger an den einzelnen Konzerngesellschaften vom Konzernverhältnis unberührt. Der Konzernabschluss gibt aber Auskunft darüber, wie viel Nettovermögen aus Sicht der Muttergesellschaft der gesamte Verbund hat, wie viel Eigenkapital es gibt und wie hoch die Verschuldung ist. Aus Sicht des Managements der Muttergesellschaft zeigt die Konzern-GuV deutlich, wie erfolgreich der Unternehmensverbund geleitet wurde.

Konsolidierungskreis: Wer gehört zum Konzern?

Die Analyse des Konzernabschlusses folgt der Vorgehensweise beim Einzelabschluss. Die Kennzahlen sind analog anwendbar und zu interpretieren. Ergänzend ist allerdings zu beachten, dass sich der **Konsolidierungskreis,** d. h. die in den Konzernabschluss einbezogenen Unternehmen, von Jahr zu Jahr ändern kann. Werden Kennzahlen im Mehrjahresvergleich ermittelt, muss dies bei der Interpretation der Ergebnisse berücksichtigt werden.

BEISPIL

Beispiel zur Änderung des Konsolidierungskreises

Der Personalaufwand im Konzern steigt von € 248 Mio. im Vorjahr auf € 290 Mio. Der Sprung entsteht durch den Zukauf einer weiteren Tochtergesellschaft, die selbst einen Personalaufwand von € 42 Mio. hat und erstmals in den Konzernabschluss einbezogen wurde.

Kapitalflussrechnung und Segmentberichterstattung im Anhang

Ergänzend finden sich im Konzernanhang eine Kapitalflussrechnung und eine Segmentberichterstattung. Die **Kapitalflussrechnung** zeigt alle wesentlichen Finanzierungs- und Investitionsvorgänge im Konzern. Die **Segmentberichterstattung** zeigt für einzelne Geschäftsbereiche, Produktgruppen oder Regionen zusätzlich Daten wie Umsatzerlöse und Ergebnisbeiträge.

„Prima, die zusätzlichen 15 Minuten haben sich wirklich noch gelohnt." Günter verabschiedet sich nun von Werner Württemberger. Er geht zu seinem Schreibtisch, lehnt sich in seinem Bürostuhl zurück und überfliegt seine Frageliste. „Hochinteressant", denkt er sich, „eigentlich schade, dass ich mich nicht schon viel früher, in weniger turbulenten Zeiten, mit dem Jahresabschluss beschäftigt habe. Eines weiß ich sicher: Wenn die aktuelle Krise einigermaßen überwunden ist, werden wir einen Wirtschaftsausschuss auf die Beine stellen." Mit diesen Gedanken verlässt Günter sein Büro und geht müde, aber zuversichtlich nach Hause.

Auswertung des Jahresabschlusses mit Hilfe von Kennziffern

6

In diesem Kapitel erfahren Sie, wie man mit Hilfe von Kennziffern

1. die wirtschaftliche Sicherheit,
2. Rentabilität,
3. Zukunftsfähigkeit und
4. mitarbeiter- und betriebsratsbezogene Entwicklungen

beurteilt.

Am nächsten Tag, nach einem kräftigen Frühstück mit Müsli und Multivitaminsaft, startet Günter Kleinschmitt zu seinem Termin mit dem Berater für Jahresabschlussanalysen, Wolfgang Baier. Er ist ein Kollege von Werner Württemberger, der ihm gestern den Jahresabschluss detailliert erklärt hatte. Nach den vielen Neuigkeiten schwirrt Günter noch etwas der Kopf. Trotzdem ist er auch heute bereit, alles zu geben.

Günter hat den Jahresabschluss seiner Firma mitgebracht und schaut nun erwartungsvoll den Experten für Bilanzanalyse an. Der ist allerdings nicht sehr erzählfreudig, sondern beginnt erst einmal damit, Günter Fragen zu stellen: „Herr Kleinschmitt, was wollen Sie denn überhaupt mit Hilfe des Jahresabschlusses erfahren?" So hatte sich Günter das eigentlich nicht vorgestellt, jetzt muss er schnell darüber nachdenken, was er über die Firma rauskriegen will. Aber genau genommen hat der Mann ja recht, nicht er ist bei den Murnauer Metallwerken beschäftigt und er ist auch nicht in deren Betriebsrat.

Günter denkt nach und versucht Struktur in seine Gedanken zu bringen. Mehrere Fragen erscheinen Günter für den Start wichtig. Er schreibt sie auf, um sich daran orientieren zu können:

1. Steht unsere Firma unmittelbar von dem Aus?
2. Geht es unserer Firma tatsächlich so schlecht wie von der Geschäftsleitung dargestellt?
3. Sind die Forderungen der Geschäftsleitung berechtigt?
4. Ist eine Strategie im Zusammenhang mit der neuen Tochterfirma in Tschechien zu erkennen?

Die letzte Frage interessiert Günter vor allem deshalb, weil er sich an eine frühere Ankündigung der Geschäftsleitung erinnert, dass der Standort Murnau „strukturell optimiert" werden müsse. Obwohl die Geschäftsführung bei der Begründung für den neuen Produktionsstandort in Tschechien versichert hat, dass es sich nur um den Aufbau zusätzlicher Kapazitäten handelt, wandern Stück für Stück die Aufträge dorthin. Als Folge davon wurde in Murnau bereits Personal abgebaut und zum Teil sogar kurzgearbeitet.

Wolfgang Baier schaut sich die Fragen an und denkt kurz nach. „Gut, wir werden Ihre Fragen mit Hilfe von wenigen Kennziffern beantworten können. Darüber hinaus möchte ich Ihnen aber heute noch mehr zeigen. Es gibt eine Reihe ganz typischer Fragestellungen aus Arbeitnehmersicht, die sich mit Hilfe des Jahresabschlusses und verschiedener Kennzahlen beantworten lassen. Hier werde ich Ihnen einen strukturierten Weg aufzeigen."

Wolfgang Baier legt sich ein paar Kennzahlen zurecht, mit deren Hilfe er Günter Antworten auf seine Fragen geben kann.

> **Hinweis:**
> Eine Kennziffer, die für die Beantwortung bestimmter Fragestellungen geeignet erscheint und typischerweise dafür herangezogen wird, wird im weiteren Verlauf als „Testkennziffer" bezeichnet.

Um sogenannte Kennziffern (auch Kennzahlen genannt) zu erhalten, werden umfangreiche Daten im Unternehmen gesammelt, verdichtet und in einen sinnvollen Zusammenhang gebracht. Erst diese Verknüpfung zeigt, wie erfolgreich ein Unternehmen, eine Abteilung oder ein Mitarbeiter wirklich arbeitet. Mit Hilfe dieser Kennziffern lassen sich komplexe Zusammenhänge erfassen, messen, darstellen und vergleichen.

Kennziffer berechnen

Im Folgenden werden Kennziffern erklärt, die geeignet sind, die wirtschaftliche Lage eines Unternehmens zu analysieren. Als Informationsquelle dient der Jahresabschluss.

Die Einordnung der Kennziffern erfolgt anhand vier übergeordneter Analysebereiche, die durch das Kapitel leiten und denen weitere Fragestellungen mit den passenden Kennziffern zugeordnet sind.

Diese Bereiche sind:

- Wirtschaftliche Sicherheit
- Rentabilität
- Zukunftsfähigkeit des Unternehmens
- Mitarbeiter- und betriebsratsbezogene Daten

Um die Orientierung innerhalb des Jahresabschlusses nicht zu verlieren, werden in einem einfachen Schema einer Bilanz bzw. Gewinn- und Verlustrechnung die Bereiche gekennzeichnet, auf die sich die Kennziffern jeweils beziehen. Dabei liegt folgendes Grundschema zugrunde:

Bilanz

Aktiva	Passiva
Anlagevermögen (AV) Immaterielle Vermögensgegenstände Sachanlagen Finanzanlagen	Eigenkapital (EK) Gezeichnetes Kapital Kapitalrücklage Gewinnrücklage Bilanzgewinn
Umlaufvermögen (UV) Vorräte Forderungen u. sonst. Vermögen Wertpapiere Liquide Mittel	Fremdkapital (FK) Rückstellungen Verbindlichkeiten
Rechnungsabgrenzungsposten	Rechnungsabgrenzungsposten
Gesamtvermögen (GV)	**Gesamtkapital (GK)**

Gewinn- und Verlustrechnung

Aufwand	Ertrag
– Materialaufwand – Personalaufwand – Abschreibungen – Sonstiger betriebl. Aufwand (u.a. Zunahme von Rückstellungen) – Finanzaufwand – Steuer	– Umsatzerlöse – Bestandserhöhung – Sonstige betriebl. Erträge – Finanzerträge
Gewinn (Jahresüberschuss)	

Wichtig: Wenn zwei Zahlen für die Berechnung einer Kennziffer zueinander ins Verhältnis gesetzt werden, so wird der Zähler **grün**, der Nenner **rot** gekennzeichnet.

6.1 Wirtschaftliche Sicherheit

MERKE

Nur wenn ein Unternehmen auf einem finanziellen Fundament steht, das Belastungen standhält, kann es sichere Arbeitsplätze bieten.

Die erste Frage, die jeden Betriebsrat und jeden Mitarbeiter interessieren sollte, lautet daher:

6.1.1 Wie stabil und sicher ist das Unternehmen?

Im Kern geht es um die Frage, wie solide das Unternehmen finanziert ist. Damit hängt auch die Fragestellung zusammen, wie lange das Unternehmen aus eigener Substanz Verluste verkraften kann, denn Verluste zehren auf Dauer das Eigenkapital auf und führen durch Überschuldung in die **Insolvenz.**

Kennziffer

Testkennziffer hierfür ist die **Eigenkapitalquote.** Sie gibt an, in welchem Umfang das Unternehmen durch Eigenkapital finanziert ist und wird folgendermaßen errechnet:

Formel

$$\text{Eigenkapitalquote (\%)} = \frac{\text{Eigenkapital}}{\text{Gesamtkapital}} \times 100$$

MURNAUER METALLWERKE

Günter berechnet als Eigenkapitalquote für die Murnauer Metallwerke folgende Werte:

$$2018: \quad \frac{€\ 36.000.000}{€\ 74.010.234} \times 100 = 48{,}64\ \%$$

$$2019: \quad \frac{€\ 22.300.000}{€\ 72.244.127} \times 100 = 30{,}87\ \%$$

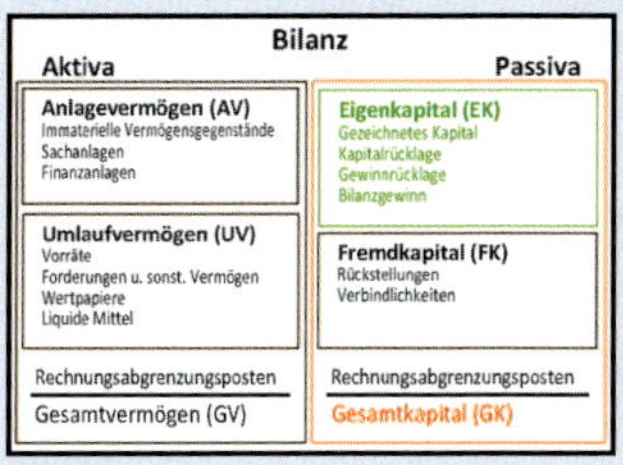

Wertung

Wie muss man diese Werte nun einordnen? Denn erst die Interpretation der Zahlen, also die Beurteilung ob sie gut oder bedrohlich sind, liefert eine Antwort auf den Kern der Fragestellung. Folgende „Notenskala" dient als erste Groborientierung (sie gilt nicht für Kreditinstitute und Versicherungen). Die Beurteilung erfolgt nach dem Schulnotensystem.

Eigenkapitalquote

Note	1	2	3	4	5
Wert in %	40	30	20	15	10

TIPP

Tipp für die Praxis

Die Werte differieren etwas nach Branchen. Bei sehr anlageintensiven Branchen unterstellt man höhere Werte. Unternehmen, die Töchter in einem Konzern sind, werden oft durch einen Gewinnabführungs- und Beherrschungsvertrag an das Mutterunternehmen gebunden. Folge ist eine niedrige Eigenkapital-Quote des Tochterunternehmens. In diesem Fall ist eine Analyse des Konzernabschlusses notwendig.

Ursachen eines schlechten Wertes

Typische Ursachen einer niedrigen Eigenkapitalquote sind:

- geringe Eigenkapitalausstattung durch Eigentümer/Gesellschafter,
- hohe Gewinnausschüttung,
- langjährige schlechte Ertragslage (und damit geringes Anwachsen oder sogar Schrumpfen der Gewinnrücklage).

Wolfgang Baier gibt Günter obige Tabelle für eine erste Einordnung der Werte. Danach ist der Wert für das Vorjahr erstklassig und für das aktuelle Geschäftsjahr immerhin noch gut. Allerdings ist Günter über die rapide Verschlechterung der Zahlen schockiert und bittet Herrn Baier um Hilfe bei der Interpretation.

Fazit

Wolfgang Baier erwidert: „Wir müssen erneut in die Bilanz schauen. Hat sich das Eigenkapital verringert oder ist die Bilanzsumme gestiegen?" Günter sieht nach, und es dämmert ihm. Die Veränderung kommt durch die Entwicklung des Eigenkapitals zustande. Die Ursache dafür hatte er schon mit Werner Württemberger ausführlich analysiert (vgl. Kapitel 3.3.5). Die Murnauer Metallwerke haben derzeit noch genügend Eigenkapital. Ein Teil des Eigenkapitalschwundes resultiert aus Ausschüttungen an die Gesellschafter, der andere Teil aus Verlusten des Geschäftsjahres. Wie diese zu werten sind, und welche Ursachen sie haben, das möchte Günter schnellstens herausfinden.

6.1.2 Ist die Substanz des Unternehmens aus eigener Kraft finanziert?

MERKE

Das Anlagevermögen stellt bei vielen Unternehmen den Kern der Leistungserstellung dar (z. B. die Produktionsanlagen eines Industrieunternehmens, der Fuhrpark einer Spedition etc.). Wünschenswert ist immer, dass dieses Vermögen überwiegend durch Eigenkapital finanziert ist.

Kennziffer

Testkennziffer hierfür ist die **Anlagendeckung.** Sie gibt an, wie viel Prozent der Werte des Anlagevermögens durch Eigenkapital gedeckt sind.

Formel

$$\text{Anlagendeckungsgrad (\%)} = \frac{\text{Eigenkapital}}{\text{Anlagevermögen}} \times 100$$

MURNAUER METALLWERKE

Für die Murnauer Metallwerke ergeben sich für den **Anlagendeckungsgrad** folgende Werte:

$$2018: \quad \frac{€\ 36.000.000}{€\ 30.912.458} \times 100 = 116{,}46\ \%$$

$$2019: \quad \frac{€\ 22.300.000}{€\ 43.626.173} \times 100 = 51{,}12\ \%$$

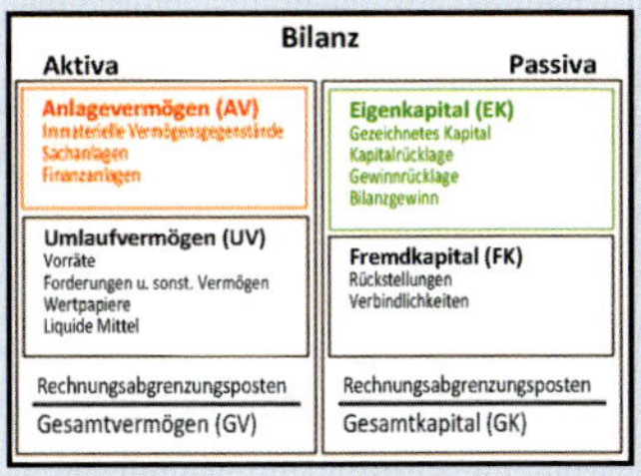

Wertung

Die Wertung differiert nach Branchen. So sind gute Werte in sehr anlagenintensiven Branchen (z. B. Transportgewerbe, Energieerzeugung, Wohnungswirtschaft) schwieriger zu erreichen. Dagegen ist bei Handels-

und Dienstleistungsunternehmen oft nur ein geringes Anlagevermögen für den Geschäftsbetrieb notwendig.

Anlagendeckungsgrad

Note	1	2	3	4	5
Wert in %	120	100	80	60	40

TIPP

Tipp für die Praxis

Man darf sich hier nicht täuschen lassen: Diese Werte werden verfälscht, falls Anlagevermögen geleast ist, da dieses dann typischerweise beim Leasinggeber bilanziert ist. Ebenso ist es möglich, diese Kenngrößen durch Auslagerung besonders anlageintensiver Wertschöpfungsbestandteile an Zulieferer (Outsourcing) zu beeinflussen.

Ursachen niedriger Werte

Typische Ursachen einer niedrigen Anlagendeckung sind:

- anlagenintensive Branche (es ist ein hohes Anlagevermögen zur Leistungserstellung nötig),
- niedrige Eigenkapitalausstattung,
- hohe Neuinvestitionen in der jüngsten Vergangenheit.

Fazit

Während bei den Murnauer Metallwerken im Vorjahr die Eigenkapitaldecke wesentlich (116,46 %) höher war als das in Anlagen gebundene Kapital, ist im Folgejahr der Wert nur weniger als halb so hoch. Das heißt, nur ca. die Hälfte des Wertes des Anlagevermögens wird durch Eigenkapital abgedeckt.

Die Ursachen für eine Verschlechterung der Werte liegen sowohl im gesunkenen Eigenkapital als auch im gestiegenen Anlagevermögen. Folglich mussten die Investitionen im Anlagevermögen (immaterielle Vermögensgegenstände und Finanzanlagen) über Fremdkapital finanziert werden (Verbindlichkeiten und Rückstellungen).

Günter möchte nun erfahren, ob die Metallwerke zumindest den laufenden Finanzmittelbedarf aus eigener Kraft erwirtschaften können.

6.1.3 Erwirtschaftet das Unternehmen ausreichend Finanzmittel?

MERKE

Ein Unternehmen, das langfristig stabil ist, kann seinen Finanzmittelbedarf für das laufende Geschäft aus eigener Kraft erwirtschaften.

Kennziffer

Testkennziffer hierfür ist der **Cashflow.** Der Cashflow gibt an, wie viel Finanzmittel (Einnahmenüberschuss) das Unternehmen **aus eigener Kraft** erwirtschaftet. Davon zu unterscheiden sind Finanzmittel, die aus der Aufnahme von Krediten, Verkauf von Anlagevermögen etc. stammen.

MERKE

Der Cashflow zeigt, wie hoch der betriebsbedingte Finanzmittelüberschuss des Unternehmens im Verlauf des Jahres war.

Formel

Cashflow (€) = Jahresüberschuss + Abschreibungen - Zuschreibungen + Zunahme von Rückstellungen - Abnahme von Rückstellungen

Abschreibungen (aus GuV oder Anlagespiegel) und Aufwand in Form von erhöhten Rückstellungen (aus der Bilanz: Differenz zum Vorjahr) werden hierbei also dem Jahresüberschuss wieder hinzugerechnet. Zuschreibungen sind dagegen vom Jahresüberschuss abzuziehen (denn sie sind Teil der sonstigen betrieblichen Erträge). Gleiches gilt, wenn die Rückstellungen abgenommen haben und in dieser Höhe in der Gewinn- und Verlustrechnung ein Ertrag ausgewiesen wurde: Auch eine Abnahme der Rückstellungen ist vom Jahresüberschuss abzuziehen.

MURNAUER METALLWERKE

Günter berechnet für den **Cashflow** der Murnauer Metallwerke folgende Werte:

2019		2018
-8,947 Mio.	Jahresüberschuss	+4,564 Mio.
+4,000 Mio.	Abschreibungen	+4,200 Mio.
+6,000 Mio.	Abschreibungen Finanzanlagen	
+2,597 Mio.	Veränderungen der Rückstellungen*	+0,000 Mio.
3,650 Mio.	Cashflow	8,764 Mio.

*Die Rückstellungen im Vorjahr waren nach Günters Informationen ebenfalls € 17,6 Mio., somit beträgt die Veränderung 0.

Der Cashflow zeigt den finanziellen Spielraum auf, den das Unternehmen erwirtschaftet hat. Er steht zur Verfügung für:

1. Investitionen,
2. Tilgung,
3. Gewinnausschüttung.

Reicht der Cashflow dafür nicht aus, muss sich das Unternehmen zusätzliche Finanzierungsquellen erschließen. Bei einem negativen Cashflow stehen für die vorgenannten Zwecke keine Mittel zur Verfügung, die aus eigener Kraft erwirtschaftet wurden. Außerdem besteht noch ein Finanzierungsbedarf in Höhe des negativen Betrages.

TIPP

Tipp für die Praxis

Die Verwendung von Kennziffern, die auf dem Cashflow basieren, bietet folgenden Vorteil: Sie sind durch bilanzpolitische Gestaltungsmöglichkeiten weniger beeinflussbar als solche Kennziffern, die auf dem Jahresüberschuss basieren. So werden Kennzahlen, die auf dem Cashflow basieren, beispielsweise nicht verfälscht bei Veränderungen von Abschreibungen und Rückstellungen.

Mittlerweile hat sich auch die Miene von Wolfgang Baier verändert. Der Cashflow ist dem Betrag nach massiv zurückgegangen. Günters Nervosität steigt. „Können wir erkennen, was dies bedeutet?"

Wolfgang Baier meint: „Der Cashflow hat sich deutlich verschlechtert, ist aber noch positiv und steht für die genannten Zwecke zur Verfügung." Nachdem aber schon die Ausschüttung an die Gesellschafter über diesem Betrag liegt, mussten anderweitige Finanzierungsquellen (z. B. Bankkredite) erschlossen werden. Günter fragt ungläubig nach: „Sind die Ausschüttungen über Kredite finanziert worden?" Wolfgang Baier nickt. Und er weist Günter auf weitere Auffälligkeiten in der Gewinn- und Verlustrechnung hin. „Sehen Sie sich folgende drei Positionen genauer an:

1. Finanzergebnis,
2. Betriebsergebnis,
3. außerordentliches Ergebnis."

Etwas erleichtert sieht Günter, dass der größte Teil des Verlustes auf das Konto des Finanzergebnisses geht. Die einzelnen Positionen hatte er ja schon mit Werner Württemberger diskutiert. Allerdings ist auch das Betriebsergebnis negativ. Günter betrachtet erstaunt die Entwicklung der sonstigen betrieblichen Aufwendungen. Wenn der Umsatz leicht steigt, dann können auch die sonstigen betrieblichen Aufwendungen leicht steigen, tatsächlich betrug die Erhöhung aber über 20 %. Günter blättert im Anhang, findet aber keine genauen Erläuterungen zu dieser Position. Er entdeckt nur eine Stelle im Text, aus der hervorgeht, dass auch die Erhöhung der Rückstellungen, die ihm schon aufgefallen war, hier eingerechnet ist. Er rechnet insgeheim aus, wie die sonstigen betrieblichen Aufwendungen und auch das Betriebsergebnis ohne eine Erhöhung der Rückstellungen ausfallen würden. Erstaunt stellt er fest, dass dann das Betriebsergebnis noch leicht positiv wäre (ca. € 1 Mio.). Er fragt, ob es noch andere Unterlagen gibt, in denen dies genauer erläutert sein könnte und ob er sich dies erklären lassen kann.

Wolfgang Baier erzählt Günter von einem sogenannten Wirtschaftsprüferbericht. Er empfiehlt ihm, sich diesen vorlegen und erläutern zu lassen.

6.1.4 Wie stark ist das Unternehmen durch seine Schulden belastet?

MERKE

Die Rückzahlung von Fremdkapital kann ein Unternehmen in Liquiditätsengpässe bringen und Zahlungsunfähigkeit führt in die Insolvenz.

Weil ein Großteil des Fremdkapitals zu verzinsen ist, bedeutet dies entsprechende laufende Finanzierungsaufwendungen. Bei einer schlechten wirtschaftlichen Lage des Unternehmens können diese Kosten bedrohlich werden.

Kennziffer

Testkennziffer für die finanzielle Last ist die **Schuldentilgungsdauer.** Diese Kennziffer gibt an, wie lange ein Unternehmen zur Rückzahlung seiner derzeitigen Schulden bräuchte, falls der Cashflow nur dafür verwendet werden würde.

Formel

$$\textit{Schuldentilgungsdauer (Jahre)} = \frac{\textit{Rückstellungen + Verbindlichkeiten - liquide Mittel}}{\textit{Cashflow}}$$

Der Cashflow wurde oben berechnet und wird nun hier im Nenner verwendet.

MURNAUER METALLWERKE

Für die Murnauer Metallwerke ergeben sich zur Schuldentilgungsdauer folgende Werte:

2018:

$$\frac{€\,17.643.629 + €\,20.366.605 - €\,16.211.926}{€\,8.764.000} = \frac{€\,21.798.308}{€\,8.764.000} = 2{,}487\ \text{Jahre}$$

2019:

$$\frac{€\,20.240.937 + €\,29.703.190 - €\,3.234.125}{€\,3.650.000} = \frac{€\,46.710.002}{€\,3.650.000} = 12{,}79\ \text{Jahre}$$

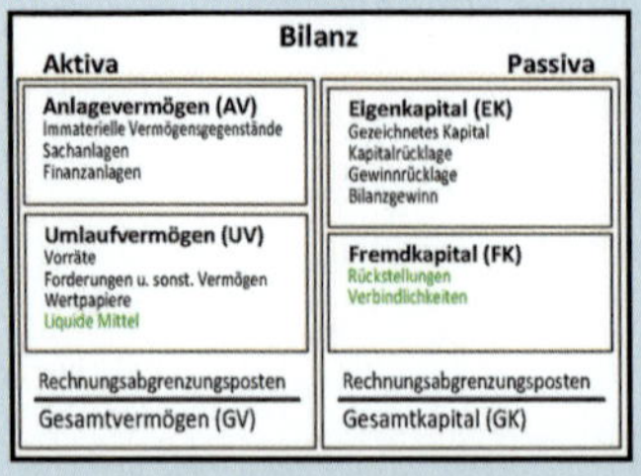

Wertung Eine kurze Schuldentilgungsdauer bedeutet eine hohe finanzielle Flexibilität des Unternehmens und geringe Belastung durch seine Schulden.

Schuldentilgungsdauer

Note	1	2	3	4	5
Wert in Jahren	5	10	15	20	25

MERKE

Grundsätzlich gilt: je kürzer die Rückzahlungsdauer, desto besser. In der Realität steht der Cashflow auch nicht ausschließlich für die Schuldentilgung zur Verfügung.

Fazit Während der Wert der Murnauer Metallwerke im Vorjahr erstklassig war, hat er sich im aktuellen Geschäftsjahr rapide verschlechtert. Die Ursache liegt in der negativen Entwicklung des Cashflows. Die längere Dauer bedeutet, dass das Unternehmen aus dem operativen Geschäft (betriebliche Leistungserstellung) weniger Mittel erwirtschaften konnte, um Schulden abzubauen. Wenn sich die Entwicklung in dieser Art fortsetzt, ist sie bedenklich.

6.1.5 Wie schnell zahlt das Unternehmen seine offenen Rechnungen?

MERKE

Die offenen Rechnungen eines Unternehmens verbergen sich hinter der Position „Lieferantenverbindlichkeiten" oder auch „Kreditoren". Je später die Rechnungen bezahlt werden, umso länger gewähren die Lieferanten einen (kostenlosen) Kredit. Die Lieferanten versuchen dem entgegenzuwirken, indem sie Skonto gewähren.

Kennziffer

Testkennziffer für diese Position ist das **Kreditorenziel**. Sie gibt an, nach wie vielen Tagen im Durchschnitt die Lieferantenschulden eines Unternehmens bezahlt werden.

Formel

$$\text{Kreditorenziel (Tage)} = \frac{\text{Verbindlichkeiten aus Lieferungen und Leistungen}}{\text{Materialaufwand}} \times 365$$

TIPP

Tipp für die Praxis

Bei der Berechnung ist zu beachten, dass eventuell nicht sämtliche Verbindlichkeiten aus Lieferungen und Leistungen unter der Position „Lieferantenverbindlichkeiten" in der Bilanz ausgewiesen sind. Weitere finden sich unter Umständen unter dem Punkt „Verbindlichkeiten gegenüber verbundenen Unternehmen", der im Anhang zum Jahresabschluss weiter aufgegliedert ist.

MURNAUER METALLWERKE

Für die Murnauer Metallwerke ergeben sich für das Kreditorenziel folgende Werte:

$$2018: \frac{€\ 14.567.926}{€\ 56.300.000} \times 365 = 94{,}45 \text{ Tage}$$

$$2019: \frac{€\ 8.123.567}{€\ 72.000.000} \times 365 = 41{,}18 \text{ Tage}$$

Wertung

Eine Verlängerung des Kreditorenziels kann ein Hinweis darauf sein, dass sich die finanzielle Situation eines Unternehmens verschlechtert hat, was die Inanspruchnahme von zusätzlichen Krediten erforderlich macht.

Fazit Der Wert der Murnauer Metallwerke hat sich deutlich vermindert, nämlich von über drei Monaten auf ca. 1,3 Monate. Ursache könnte ein stärkeres Ausnutzen von Skonto sein. Vielleicht haben aber auch die Lieferanten auf ein besseres Zahlungsverhalten gedrängt.

6.1.6 Wie schnell zahlen die Kunden offene Rechnungen?

MERKE

Den Zeitraum von der Rechnungsstellung des Unternehmens bis zur Zahlung durch den Kunden muss das Unternehmen zwischenfinanzieren. Dadurch wird der Kapitalbedarf des Unternehmens erhöht.

Durch Gewährung von Skonti und durch die Intensivierung des Mahnwesens wird versucht, den Kapitalbedarf möglichst niedrig zu halten.

Kennziffer Testkennziffer hierfür ist das **Debitorenziel**. Es gibt an, wie viele Tage es im Durchschnitt dauert, bis die Kunden ihre Rechnungen (Forderungen aus Warenlieferungen und Leistungen) begleichen.

Formel

$$\text{Debitorenziel (Tage)} = \frac{\text{Forderungen aus Lieferungen und Leistungen}}{\text{Umsatzerlöse}} \times 365$$

TIPP

Tipp für die Praxis

Bei der Berechnung ist zu beachten, dass eventuell nicht sämtliche Forderungen aus Lieferungen und Leistungen unter der Position „Forderungen aus Warenlieferungen und Leistungen“ in der Bilanz ausgewiesen sind. Weitere finden sich unter Umständen unter „Forderungen gegenüber verbundenen Unternehmen“, die im Anhang weiter aufgegliedert sind.

MURNAUER METALLWERKE

Für die Murnauer Metallwerke lassen sich folgende Werte für das Debitorenziel errechnen:

$$2018: \frac{€\,4.812.567}{€\,140.000.000} \times 365 = 12{,}55 \text{ Tage}$$

$$2019: \frac{€\,7.423.863}{€\,142.000.000} \times 365 = 19{,}08 \text{ Tage}$$

Wertung

Ein kurzes Debitorenziel bedeutet, dass das Unternehmen nur einen kurzen Zeitraum zwischenfinanzieren muss, bis der Umsatz sich in Liquidität verwandelt.

Note	1	2	3	4	5
Wertung	20	30	40	50	60

Fazit

Die Werte der Murnauer Metallwerke liegen in beiden Jahren in einem sehr guten Bereich, allerdings mit Tendenz zur Verschlechterung. Generell zahlen die Kunden zügig. Günter ist zufrieden.

6.1.7 Wie hoch ist die Durchsatzgeschwindigkeit der Vorräte?

In den Vorräten sind bei einem Produktionsunternehmen enthalten: Rohstoffe, Halb- und Fertigerzeugnisse.

MERKE

Je schneller aus den Rohstoffen verkaufte Produkte werden, umso besser für die Liquidität und für die Ertragslage.

Kennziffer

Die Testkennziffer hierzu ist die **Lagerdauer**. Sie gibt an, wie lange die Vorräte und das zu ihrer Finanzierung erforderliche Kapital im Durchschnitt gebunden sind.

Formel

$$\text{Lagerdauer (Tage)} = \frac{\text{Vorräte}}{\text{Umsatzerlöse}} \times 365$$

TIPP

Tipp für die Praxis

Die Kapitalbindung durch Vorräte ist stark branchenabhängig. Produzierende Unternehmen müssen oft Rohmaterial vorhalten, falls dessen Lieferzeit sehr lange ist.

Auch bei langfristigen Projekten im Anlagenbau kann sich die Kapitalbindung über viele Monate erstrecken.

Ein Weg, die Kapitalbindung zu reduzieren, sind Anzahlungen von Kunden.

MURNAUER METALLWERKE

Für die Murnauer Metallwerke ergeben sich folgende Werte:

$$2018: \quad \frac{€\ 13.379.611}{€\ 140.000.000} \times 365 = 34{,}88 \text{ Tage}$$

$$2019: \quad \frac{€\ 11.501.910}{€\ 142.000.000} \times 365 = 29{,}56 \text{ Tage}$$

Wertung Gute Werte sind zu erreichen über eine niedrige Vorratshaltung, eine niedrige Durchlaufzeit in der Produktion sowie einen schnellen Verkauf der Produkte. Grundsätzlich unterscheiden sich die Werte stark nach Branchen. Für Industrieunternehmen bietet folgendes Schema Anhaltspunkte:

Note	1	2	3	4	5
Wertung	20	30	40	50	60

MERKE

Grundsätzlich wirkt sich eine kurze Lagerdauer positiv auf Kapitalbindungs- und Lagerhaltungskosten aus. Stark abhängig sind die Werte aber bezüglich Branchen und Fertigungsverfahren.

Fazit Die Werte der Murnauer Metallwerke haben sich etwas verbessert und liegen in einem ganz guten Bereich.

6.1.8 Kann das Unternehmen seine kurzfristigen Schulden problemlos bezahlen?

MERKE

Die kurzfristigen Zahlungsverpflichtungen eines Unternehmens (Verbindlichkeiten, die in einer kürzeren Frist als ein Jahr fällig sind) beanspruchen seine Liquidität im laufenden Geschäftsjahr.

Diesen Verpflichtungen steht solches Umlaufvermögen gegenüber, das sich kurzfristig in Liquidität verwandeln lässt.

Als zugehörige Testkennziffer wird das sogenannte **Working Capital** herangezogen.

MERKE

Das Working Capital gibt an, ob ein Überhang des Umlaufvermögens über die kurzfristigen Schulden besteht.

Formel

Working Capital (€) = Umlaufvermögen - kurzfristige Verbindlichkeiten

MURNAUER METALLWERKE

Für die Murnauer Metallwerke lassen sich für das Working Capital folgende Werte errechnen:

2018: Umlaufvermögen (13,38 + 8,80 + 4,58 + 16,21) - 17,37 = 25,60

2019: Umlaufvermögen (11,50 + 13,55 + 0,23 + 3,23) - 15,70 = 12,81

Wertung

Je höher das Working Capital ist, desto besser ist die Liquiditätslage.

Ist das Working Capital positiv, bedeutet dies, dass das Umlaufvermögen nur zum Teil zur Deckung der kurzfristigen Verbindlichkeiten gebunden ist.

Ist das Working Capital dagegen negativ, bedeutet es, dass das Umlaufvermögen nicht ausreicht, um die gesamten kurzfristigen Verbindlichkeiten zu decken. Das Unternehmen kann somit zukünftig schnell in Liquiditätsschwierigkeiten geraten.

Günter vergleicht die Werte der beiden Jahre und sieht eine deutlich abnehmende Liquidität des Unternehmens. Er beschließt, diesen Wert zukünftig genau zu verfolgen.

6.1.9 Kann das Unternehmen seine kurzfristigen Schulden tilgen?

Nur die kurzfristigen Verbindlichkeiten eines Unternehmens erfordern unmittelbar Liquidität. Ob das Unternehmen in der Lage ist diese zu begleichen, lässt sich aus der Bilanz ersehen.

Kennziffer Testkennziffer hierzu ist die **Liquidität 2. Grades**.

Dabei stellt man den kurzfristigen Schulden die liquiden Mittel und Forderungen gegenüber.

Formel

$$\text{Liquidität 2. Grades } \% = \frac{\text{flüssige Mittel + kurzfristige Forderungen}}{\text{kurzfristige Verbindlichkeiten}} \times 100$$

Wertung Bei Werten über 100 sind die kurzfristigen Verbindlichkeiten mehr als abgedeckt.

MURNAUER METALLWERKE

Für die Murnauer Metallwerke gilt Folgendes:

$$2018: \frac{€\ 16.211.926 + €\ 8.802.239}{€\ 17.366.605} \times 100 = 144{,}03\ \%$$

$$2019: \frac{€\ 3.234.125 + €\ 13.553.563}{€\ 15.703.190} \times 100 = 106{,}9\ \%$$

Fazit Werte über 100 deuten auf eine gesicherte Zahlungsfähigkeit in nächster Zukunft hin.

6.1.10 Wie intensiv wird das Kapital des Unternehmens genutzt?

MERKE

Das im Unternehmen vorhandene Kapital (Eigen- und Fremdkapital) dient im Kern zur Finanzierung des Umsatzprozesses. Je schneller es sich umschlägt, desto weniger Kapital ist zur Finanzierung erforderlich.

Als Testkennziffer hierfür verwendet man den **Kapitalumschlag**. Er gibt an, wie oft das eingesetzte Kapital im Geschäftsjahr im Umsatz umgeschlagen werden konnte.

Kennziffer

$$\text{Kapitalumschlag } (x) = \frac{\text{Umsatzerlöse}}{\text{Gesamtkapital}}$$

Formel

Für die Murnauer Metallwerke sehen die Werte für den Kapitalumschlag folgendermaßen aus:

$$2018: \quad \frac{€\,140.000.000}{€\,74.010.234} = 1{,}89$$

$$2019: \quad \frac{€\,142.000.000}{€\,72.244.127} = 1{,}97$$

MURNAUER METALLWERKE

Je höher der Wert ist, desto mehr Umsatz kann pro Euro Kapitaleinsatz erzielt werden.

Wertung

Der Kapitalumschlag wird als Maßstab für den effizienten Kapitaleinsatz im Unternehmen gesehen.

Die Werte unterscheiden sich stark nach Branche. Je anlageintensiver diese ist, umso geringer sind in der Regel die Werte. Für Industrieunternehmen gelten folgende Werte als Anhaltspunkt:

Note	**1**	**2**	**3**	**4**	**5**
Wertung	**3**	**2**	**1,5**	**1**	**0,5**

Die Murnauer Metallwerke sind bezüglich ihres Kapitaleinsatzes ein durchschnittlich effektives Unternehmen. Im Jahresvergleich wurde mit geringerem Kapitaleinsatz ein höherer Umsatz erzielt.

Fazit

6.1.11 Wie stark ist das Unternehmen durch sein Anlagevermögen geprägt?

MERKE

Anlagevermögen bindet langfristig Kapital und verursacht fixe Kosten (z. B. Kapitalbindungskosten, Abschreibungen bei Produktionsanlagen).

Diese Kosten sind unabhängig von der Ertragslage des Unternehmens. Das heißt, Unternehmen mit hohen fixen Kosten sind auf eine hohe Auslastung angewiesen. Sie können bei einer Marktverschlechterung kaum flexibel reagieren.

Kennziffer

Die Testkennziffer ist hierzu die **Anlagenintensität**. Sie gibt an, wie hoch der Anteil des Anlagevermögens ist, der im Gesamtvermögen gebunden ist.

Formel

$$\text{Anlagenintensität (\%)} = \frac{\text{Anlagevermögen}}{\text{Gesamtvermögen}} \times 100$$

MURNAUER METALLWERKE

Für die Murnauer Metallwerke ergeben sich für die Anlagendeckung folgende Werte:

$$2018: \frac{€\ 30.912.458}{€\ 74.010.234} \times 100 = 41{,}77\ \%$$

$$2019: \frac{€\ 43.626.173}{€\ 72.244.127} \times 100 = 60{,}39\ \%$$

Wertung

Je geringer die Anlagenintensität ist, umso flexibler kann ein Unternehmen bezüglich seiner Kosten auf veränderte Marktverhältnisse reagieren. Auch diese Kennziffer ist stark branchenabhängig, wie der Kapitalumschlag.

Fazit

Die Anlagenintensität der Murnauer Metallwerke ist auf über 60 % gestiegen. Dies bedeutet, dass das Vermögen überwiegend langfristig gebunden ist. Entsprechend träge ist das Unternehmen zu steuern.

Hohes Anlagevermögen findet sich in der Regel in Branchen wie der Chemischen Industrie, der Eisen- und Stahlindustrie sowie in Verkehrsunternehmen und hoch automatisierten Unternehmen.

TIPP

Tipp für die Praxis

Finanzierungsformen wie z. B. Leasing werden je nach Bilanzierungsrichtlinie nicht im Anlagevermögen ausgewiesen. Dies beeinflusst die Anlagenintensität. Tatsächlich wird aber auch durch längerfristige Leasingverträge die Flexibilität eingeschränkt. Im Ergebnis wird die Flexibilität dann bei Marktveränderungen genauso gering sein wie bei eigenen Anlagen.

Bei der Interpretation der Kennziffer wird unterstellt, dass das Anlagevermögen aus Sachanlagen und immateriellen Werten besteht. Falls sich im Anlagevermögen Finanzanlagen befinden, kann dies berücksichtigt (herausgerechnet) werden.

6.2 Rentabilität

MERKE

Grundvoraussetzung für die langfristige Existenz eines privatwirtschaftlichen Unternehmens ist, dass es für seine Leistungen Preise erzielen kann, die über seinen Aufwendungen liegen. Dass heißt, dass es eine positive Rendite erwirtschaftet.

Die Betrachtung der Rendite kann in mehrere Teilfacetten gegliedert werden. Differierende Renditeberechnungen, wie wir sie in den folgenden Abschnitten anstellen, lassen verschiedene Blickwinkel zu und ermöglichen verschiedene Erkenntnisse.

6.2.1 Wie viel verdient das Unternehmen an den verkauften Produkten und Dienstleistungen?

Die Eigentümer eines Unternehmens erwarten eine Verzinsung ihres eingesetzten Kapitals. Voraussetzung dafür ist, dass ein gewisser Anteil am Umsatz als Gewinn verbleibt.

Kennziffer

Testkennziffer hierfür ist die **Umsatzrendite (nach Steuern).** Renditekennziffern setzen den Gewinn (vor oder nach Steuer) ins Verhältnis zu einer Basiszahl. Um zu sehen, wie viel das Unternehmen an seinen verkauften Leistungen verdient, setzt man den Gewinn nach Steuer (Jahresüberschuss) ins Verhältnis zum Umsatz.

Formel

$$\text{Umsatzrendite (\%)} = \frac{\text{Jahresüberschuss}}{\text{Umsatzerlöse}} \times 100$$

MURNAUER METALLWERKE

Günter berechnet für die Murnauer Metallwerke folgende Werte als Umsatzrendite:

$$2018: \frac{€\ 4.564.400}{€\ 140.000.000} \times 100 = 3{,}26\ \%$$

$$2019: \frac{-€\ 8.946.913}{€\ 142.000.000} \times 100 = -6{,}30\ \%$$

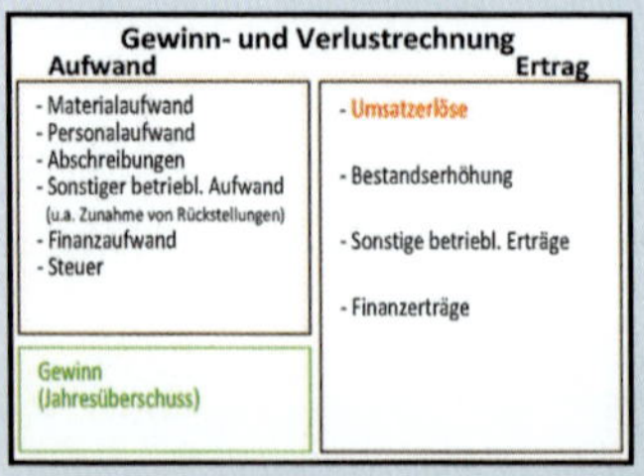

Wertung

Hohe Werte sind zu erreichen über niedrige Aufwendungen und/oder hohe Preise. Je niedriger die Wettbewerbsintensität in der jeweiligen Branche ist, desto leichter sind hohe Werte zu erreichen (Extremfall: Monopol bzw. Quasi-Monopol).

Negative Werte bedeuten, dass ein Unternehmen seine Leistungen unter seinen Aufwendungen verkauft. Eine Umsatzrendite von -10 % bedeutet z. B., dass ein Unternehmen bei einem Umsatz von 100 Euro einen Verlust von 10 Euro macht.

Umsatzrendite (nach Steuer)

Note	1	2	3	4	5
Wert in %	6	5	4	2,5	1

TIPP

Tipp für die Praxis

Bei der Berechnung ist darauf zu achten, dass der Jahresüberschuss nicht verfälscht ist, d. h., dass er dem tatsächlich erwirtschafteten Ergebnis entspricht. Beispielsweise kann durch Gewinnabführung an ein Mutterunternehmen ein falsches Bild entstehen. In diesen Fällen wurde der abgeführte Betrag bei der Ermittlung des Jahresüberschusses abgezogen. Zur Berechnung der Umsatzrendite ist daher der Jahresüberschuss wieder um diese Position zu korrigieren.

Günter vergleicht die errechneten Werte mit der Tabelle. Der Wert für 2018 ist mittelprächtig. Der Wert für 2019 erscheint in der Tabelle überhaupt nicht, so schlecht ist er.

Wolfgang Baier sagt: „Das müssen Sie sich so vorstellen: Ihre Firma zahlt bei € 100 Umsatz noch € 6,30 dazu. Mit solchen Zahlen ist eine Firma langfristig nicht überlebensfähig. Unterstellt man, dass die knapp € 9 Mio. Verlust dauerhaft anfallen, können wir ausrechnen, bis wann das Eigenkapital aufgezehrt ist."

Günter rechnet überschlägig: Eigenkapital ca. € 22 Mio., Verlust ca. € 9 Mio., reicht noch für knapp zweieinhalb Jahre. Jetzt versteht er auch, warum eine hohe Eigenkapitalquote etwas mit der Sicherheit einer Gesellschaft zu tun hat.

Was ihm aber immer noch unklar bleibt, ist die Ursache für die schlechte Umsatzrendite, denn eigentlich kann er dies nicht an Entwicklungen seiner Firma festmachen. Zumindest nicht an denen, die ihm aufgefallen sind. „Dann müssen wir genauer analysieren", meint Wolfgang Baier. „Zum einen mit weiteren Kennziffern, zum anderen müssen wir uns wohl auch die Gewinn- und Verlustrechnung genauer anschauen."

6.2.2 Welcher Anteil am Umsatz bleibt dem Unternehmen für Investitionen, Tilgung und Gewinnausschüttung?

Der Cashflow wurde bereits erklärt (s. unter 6.1.3). Für den Vergleich von Unternehmen unterschiedlicher Größe und Struktur ist der Cashflow als absolute Größe aber nicht geeignet. Deshalb ist hier eine relative Größe zu bilden. Als Bezugsgröße bietet sich auch hier der Umsatz an, den wir wieder direkt der Gewinn- und Verlustrechnung entnehmen.

Kennziffer

Testkennziffer ist die **Cashflow-Rendite.** Sie gibt an, wie viel Prozent vom Umsatz der Cashflow beträgt.

Formel

$$\text{Cashflow-Rendite (\%)} = \frac{\text{Jahres-Cashflow}}{\text{Umsatzerlöse}} \times 100$$

MURNAUER METALLWERKE

Für die Murnauer Metallwerke ergeben sich als **Cashflow-Rendite** folgende Werte:

$$2018: \frac{€\ 8.764.000}{€\ 140.000.000} \times 100 = 6{,}26\ \%$$

$$2019: \frac{€\ 3.650.000}{€\ 142.000.000} \times 100 = 2{,}57\ \%$$

Wertung

Die Wertung differiert stark nach Branchen. Abschreibungsintensive Branchen (meist mit hohem Anlagevermögen) haben typischerweise hohe Werte. Generell sollte die Cashflow-Rendite über der Umsatzrendite liegen. Trifft dies nicht zu, deutet es darauf hin, dass der Jahresüberschuss durch Auflösen von Rückstellungen oder Veränderungen bei den Abschreibungen geprägt ist.

Cashflow-Rendite (nach Steuer)

Note	1	2	3	4	5
Wert in %	9	7	6	5	4

Die Werte der Tabelle stellen Mittelwerte für produzierende Unternehmen dar.

TIPP

Tipp für die Praxis

Bei einer Analyse der Cashflow-Rendite empfiehlt es sich, die Umsatzrendite für einen Vergleich heranzuziehen. Sollte sich die Entwicklung der beiden Kennziffern über mehrere Jahre hinweg unterscheiden, so ist die Entwicklung von Abschreibungen und Rückstellungen zu analysieren.

Fazit

Die Murnauer Metallwerke sind ein produzierendes Unternehmen. Der Wertverlust der technischen Anlagen etc. verursacht Abschreibungen. Deshalb sind die Werte aus der Beurteilungstabelle für eine erste Einschätzung in der Branche gut geeignet. Während für das Vorjahr der Wert noch in Ordnung ist, entwickelte sich die Cashflow-Rendite im aktuellen Geschäftsjahr relativ schlecht. Allerdings zeigt sich bei einem Vergleich mit der Umsatzrendite, dass sich die Cashflow-Rendite deutlich weniger stark verschlechtert. Dies bedeutet, dass ein Großteil der Verschlechterung der Zahlen nicht auf das eigentliche betriebliche Geschehen, sondern auf Veränderungen bei Abschreibungen und Rückstellungen zurückzuführen ist.

6.2.3 Wie hoch verzinst sich das Kapital der Eigentümer?

MERKE

Ein wesentliches Interesse der Eigentümer eines Unternehmens (Aktionäre, Gesellschafter etc.) ist es, eine hohe Verzinsung für ihr eingesetztes Kapital zu erzielen.

Kennziffer

Kennziffer hierfür ist die **Eigenkapitalrendite.** Bei der Eigenkapitalrendite (nach Steuer) wird der Gewinn (Jahresüberschuss) ins Verhältnis zum **durchschnittlich eingesetzten Eigenkapital** gesetzt.

Letzteres wird vereinfacht berechnet als Eigenkapital (EK) zum Jahresanfang + Eigenkapital (EK) zum Jahresende, diese Summe geteilt durch zwei.

Formel

$$\text{Eigenkapitalrendite nach Steuer (\%)} = \frac{\text{Jahresüberschuss}}{\text{durchschnittlich eingesetztes Eigenkapital}} \times 100$$

MURNAUER METALLWERKE

Für die Murnauer Metallwerke ergeben sich für die **Eigenkapitalrendite** folgende Werte:

$$2018: \quad \frac{€\ 4.564.400}{(€\ 36.000.000 + €\ 36.000.000) : 2} \times 100 = 12{,}68\ \%$$

$$2019: \quad \frac{-\ €\ 8.946.913}{(€\ 36.000.000 + €\ 22.300.000) : 2} \times 100 = -\ 30{,}69\ \%$$

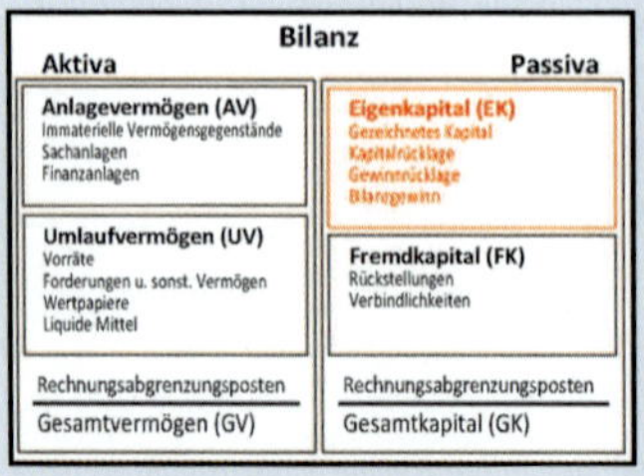

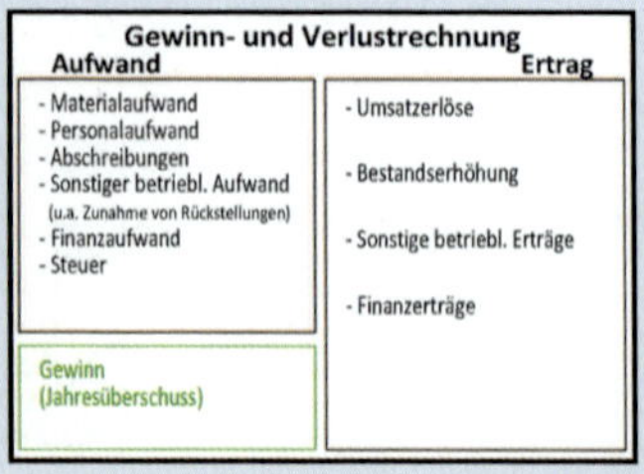

Wertung

Die Eigentümer erwarten als Zielgröße mindestens die Höhe an Zinsen, die auf dem Kapitalmarkt zu erzielen sind und zusätzlich einen Risikozuschlag für schlechte Jahre (bzw. im Extremfall den Gesamtausfall des eingesetzten Kapitals).

Eigenkapitalrendite (nach Steuer)

Note	1	2	3	4	5
Wert in %	12	10	7	5	3

TIPP

Tipp für die Praxis

Zu beachten ist Folgendes: Die Eigenkapitalrendite ist bei konstantem Jahresüberschuss umso höher, je niedriger das durchschnittliche Eigenkapital ist. Falls die Fremdkapitalkosten unter der damit zu erzielenden Rendite liegen, so führt die Aufnahme von mehr Fremdkapital zu einer höheren Eigenkapitalrendite. Diesen Effekt nennt man **Leverage-Effekt.**

Beispiel: Wir können Fremdkapital zu 4 % erhalten und erwirtschaften damit eine Rendite von 8 %.

Der Leverage-Effekt verleitet dazu, eine möglichst hohe Rendite mit wenig Eigenkapital erzielen zu wollen. Dies birgt allerdings die schon bei der Eigenkapitalquote erwähnten Risiken.

Fazit

Einer Eigenkapitalrendite der Murnauer Metallwerke, die im Vorjahr mit über 12 % noch als „sehr gut" zu bezeichnen war, steht im aktuellen Geschäftsjahr ein negativer Betrag gegenüber, der auf eine immense Geldvernichtung hindeutet.

6.2.4 Wie rentabel ist das operative Geschäft des Unternehmens?

Die Gewinne eines Unternehmens können aus unterschiedlichen Quellen stammen:

1. dem eigentlichen Betriebszweck (= operatives Ergebnis, Betriebsergebnis, EBIT*),
2. dem Finanzergebnis (Zinsen, Beteiligungen etc.).

*EBIT = Earnings before interest and tax, d. h. Gewinn vor Finanzergebnis und Steuern.

Das operative Ergebnis, also das Ergebnis vor Zinsen und Steuern, wird gewöhnlich zur Beurteilung der Ertragssituation verwendet. Es wird gerne auch für internationale Vergleiche herangezogen, da es keinem Einfluss durch unterschiedliche Ertragssteuersätze unterliegt.

MURNAUER METALLWERKE

Günter errechnet das operative Ergebnis folgendermaßen aus der Gewinn- und Verlustrechnung der Murnauer Metallwerke: Er addiert Umsatzerlöse, Lagerbestandszunahme und sonstige betriebliche Beträge und zieht Aufwendungen und Abschreibungen gemäß folgendem Schema davon ab.

Murnauer Metallwerke GmbH **Gewinn- und Verlustrechung**	31.12.2019	Vorjahr 31.12.2018
Umsatzerlöse	142.000.000,00	140.000.000,00
Bestandsveränderung	1.235.087,00	1.100.000,00
Sonst. betriebl. Ertrag	15.000.000,00	10.800.000,00
	158.235.087,00	151.900.000,00
Materialaufwand		
Aufwand für Roh-, Hilfs- und Betriebsstoffe und bezogene Waren	67.000.000,00	54.000.000,00
Aufwendungen für bezogene Leistungen	5.000.000,00	2.300.000,00
	72.000.000,00	56.300.000,00
Personalaufwand		
Löhne und Gehälter	39.000.000,00	44.000.000,00
Soziale Abgaben	7.800.000,00	8.800.000,00
	46.800.000,00	52.800.000,00
Abschreibungen	4.000.000,00	4.200.000,00
Sonstige betriebl. Aufwendungen	37.000.000,00	30.000.000,00
Betriebsergebnis	- 1.564.913,00	8.600.000,00

MERKE

Aus Arbeitnehmersicht ist das operative Ergebnis die wichtigste Größe zur Beurteilung des Unternehmensgewinns, da dieses in aller Regel von der Mehrzahl der Beschäftigten erwirtschaftet wird.

Kennziffer

Kennziffer für das operative Ergebnis ist die **EBIT-Rendite.**

Formel

$$\textit{EBIT-Rendite (\%)} = \frac{\textit{EBIT}}{\textit{Umsatzerlöse}} \times 100$$

MURNAUER METALLWERKE

Für die Murnauer Metallwerke ergeben sich als **EBIT-Rendite** folgende Werte:

$$2018: \quad \frac{€\ 8.600.000}{€\ 140.000.000} \times 100 = 6{,}14\ \%$$

$$2019: \quad \frac{-\ €\ 1.564.913}{€\ 142.000.000} \times 100 = -\ 1{,}10\ \%$$

Wertung

Die Rendite des Unternehmens sollte aus der eigenen Leistungserstellung stammen. Ist die EBIT-Rendite negativ, bedeutet dies, dass das Unternehmen mit seiner Leistungserstellung Verluste erwirtschaftet.

EBIT-Rendite (vor Steuer)

Note	1	2	3	4	5
Wert in %	10	8	6	4	2

Fazit

Die EBIT-Rendite der Murnauer Metallwerke war im Vorjahr zwar schon auf einem mäßigen, aber noch normalen Niveau. Im aktuellen Geschäftsjahr sackte sie jedoch ins Negative, wenn auch nicht so deutlich wie die Eigenkapital-Rendite. Es scheint also in der eigenen Leistungserstellung Probleme zu geben, erheblich gravierendere jedoch außerhalb des „Betriebsergebnisses".

Günter ist mittlerweile klar geworden, dass die Ursachen für den sich verschlechternden Zustand der Murnauer Metallwerke weniger in der Produktion am Standort Murnau zu suchen sind. Vielmehr scheinen die Strategien der Geschäftsführung bezüglich Expansion, Verlagerung und Gründung von Tochterunternehmen nicht aufzugehen.

Deswegen interessiert ihn verstärkt die Frage, ob denn in Murnau noch investiert wird oder ob die Geschäftsleitung den Standort auslaufen lässt.

6.2.5 Wie viel verdient das Unternehmen vor Abschreibungen?

Um den Liquiditätszufluss aus dem operativen Geschäft eines Unternehmens beurteilen zu können, gibt es neben dem Cashflow weitere Möglichkeiten.

Kennziffer Die Testkennziffer ist der **EBITDA**.

Der EBITDA basiert auf dem EBIT, es werden aber zusätzlich die Abschreibungen herausgerechnet.

EBITDA steht für "Earnings before Interest, Tax, Depreciation and Amortization." Dabei steht „Depreciation" für Abschreibungen auf Sachanlagen und „Amortization" für Abschreibungen auf immaterielle Vermögensgegenstände.

Formel *EBITDA =*
EBIT
+ Depreciation
+ Amortization

MURNAUER METALLWERKE

2018:	2019:
€ 8.600.000	- € 1.564.913
+ € 4.200.000	+ € 4.000.000
€ 12.800.000	€ 2.435.087

Fazit Günter stellt erstaunliche Parallelen zum Cashflow (vgl. hierzu Punkt 6.1.3) fest. Die Aussagen sind ziemlich ähnlich.

6.2.6 Wie stark verzinst sich das im Unternehmen eingesetzte Kapital?

Das im Unternehmen eingesetzte Kapital (Eigen- und Fremdkapital) soll sich aus Sicht der Kapitalgeber verzinsen. Die Verzinsung sollte über den Zinsen für Fremdkapital liegen.

Als Testkennziffer dient die **Gesamtkapitalrentabilität** oder auch **Gesamtkapitalrendite** genannt. Kennziffer

Formel

$$\text{Gesamtkapitalrendite (\%)} = \frac{\text{Jahresüberschuss + Zinsaufwand}}{\text{Gesamtkapital}} \times 100$$

MURNAUER METALLWERKE

Günter berechnet als Gesamtkapitalrendite für die Murnauer Metallwerke folgende Werte:

$$2018: \frac{€\,4.564.400 + €\,100.000}{€\,74.010.234} \times 100 = 6{,}30\,\%$$

$$2019: \frac{-€\,8.946.913 + €\,800.000}{€\,72.244.127} \times 100 = -11{,}28\,\%$$

Die Gesamtkapitalrendite spiegelt wider, mit welcher Effizienz das im Unternehmen eingesetzte Gesamtkapital – unabhängig von seiner Finanzierung – arbeitet. Je höher der Wert, umso besser. Wertung

Gesamtkapitalrendite (nach Steuer)

Note	1	2	3	4	5
Wert (%)	10	8	6	5	4

MERKE

Die Gesamtkapitalrendite soll den Zinssatz für Fremdkapitalzinsen übersteigen, damit sich Kredite für das Unternehmen nicht zum Verlustgeschäft entwickeln.

Während die Werte der Murnauer Metallwerke für das Vorjahr noch im Rahmen lagen, ist die Rendite im aktuellen Geschäftsjahr negativ. Das heißt, es wurden 11,28 % des Gesamtkapitals vernichtet. Fazit

6.2.7 Wie hoch ist die Rendite des im Unternehmen eingesetzten Kapitals?

Die Verzinsung des Kapitals im Unternehmen hat eine Reihe von Einflussfaktoren. Sehr aufschlussreich sind die Einflüsse von Umsatzrendite und Kapitalumschlag.

Kennziffer Testkennziffer hierzu ist der Return on Investment **(ROI)**.

Er rechnet sich durch Multiplikation von Kapitalumschlag und Umsatzrendite. Wir erhalten:

Formel
$$ROI\ (\%) = \frac{Umsatzerlöse}{Gesamtkapital} \times \frac{Jahresüberschuss}{Umsatzerlöse} \times 100$$

Gekürzt ergibt sich folgende Formel:

MURNAUER METALLWERKE

$$2018: \frac{€\ 4.564.400}{€\ 74.010.234} \times 100 = 6{,}17\ \%$$

$$2019: \frac{-€\ 8.946.913}{€\ 72.244.127} \times 100 = -12{,}38\ \%$$

Wertung Der ROI ist ähnlich der Gesamtkapitalrendite. Der Unterschied besteht darin, dass der Zinsaufwand nicht berücksichtigt wird. Damit liegt der Wert unter dem der Gesamtkapitalrendite.

ROI

Note	1	2	3	4	5
Wert (%)	9	7	6	4	2

MERKE

Durch den „Return on Investment“ können die Quellen des Erfolges besser sichtbar gemacht und Zusammenhänge aufgezeigt werden. Eine Halbierung der Umsatzrendite kann durch eine Verdoppelung des Kapitalumschlages ausgeglichen werden.

Günter sieht auch bei dieser Kennziffer, dass die Werte für das aktuelle Geschäftsjahr katastrophal sind. Der Grund liegt im Verlust für dieses Geschäftsjahr. Fazit

6.2.8 Wie hoch ist die Rendite auf das für die betriebliche Leistungserstellung eingesetzte Kapital?

Kapitalrentabilitätskennziffern wie die Gesamtkapitalrentabilität oder der ROI beziehen sich auf das gesamte im Unternehmen eingesetzte Kapital, auch auf solches, das zur Finanzierung von Finanzanlagen (z. B. Beteiligungen) gebunden ist. Damit kann man allerdings die Rendite aus dem für den eigentlichen Betriebszweck eingesetzten Kapital noch nicht messen. Zur Beurteilung des Erfolges des operativen Geschäfts ist dies aber notwendig.

Dafür zieht man als Testkennziffer den **Return on Capital Employed**, kurz **ROCE**, heran (Rendite auf das eingesetzte Kapital). Kennziffer

Dieser Wert gibt Aufschluss darüber, welche Rendite jenes Kapital erzielt, welches für das operative Geschäft eingesetzt wird.

Das eingesetzte Kapital kann folgendermaßen ermittelt werden: Man rechnet von der Bilanzsumme des Unternehmens diejenigen Teile heraus, die nicht dem operativen Geschäft dienen bzw. auch solche Teile, für die keine Verzinsung zu erwirtschaften ist.

Gesamtkapital Formel
- Verbindlichkeiten aus Lieferungen und Leistungen
- flüssige Mittel
- Finanzanlagen (auch des Umlaufvermögens)
= eingesetztes Kapital

In einem weiteren Schritt wird das eingesetzte Kapital ins Verhältnis zum Betriebserfolg gesetzt. Für diesen verwendet man den sogenannten EBIT (vgl. hierzu Punkt 6.2.4).

$$ROCE\ (\%) = \frac{EBIT}{\text{eingesetztes Kapital}} \times 100$$

Formel

MURNAUER METALLWERKE

Günter berechnet für die Murnauer Metallwerke folgende Werte für den **ROCE**:

$$2018: \quad \frac{€\ 8.600.000}{€\ 27.040.382} \times 100 = 31{,}80\ \%$$

$$2019: \quad \frac{-€\ 1.564.913}{€\ 43.601.435} \times 100 = -3{,}59\ \%$$

Eingesetztes Kapital:

2019:		2018:
€ 72.244.127	Gesamtkapital	€ 74.010.234
- € 8.123.567	Verbindlichkeiten aus LL	- € 14.567.926
- € 17.055.000	Finanzanlagen	- € 11.610.000
- € 3.234.125	Liquide Mittel	- € 16.211.926
- € 230.000	Wertpapiere	- € 4.580.000
€ 43.601.435		€ 27.040.382

Wertung

Falls das Unternehmen einen ROCE erzielt, der über den Kosten des eingesetzten Kapitals (Kapitalkosten) liegt, rentiert sich der Kapitaleinsatz, d.h. der Unternehmenswert wird erhöht. Diese Differenz wird auch Economic Value Added (EVA) genannt.

ROCE

Note	**1**	**2**	**3**	**4**	**5**
Wert (%)	**15**	**12**	**9**	**6**	**3**

TIPP

Tipp für die Praxis

Bei der Berechnung ist zu beachten, dass eventuell nicht sämtliche Verbindlichkeiten aus Lieferungen und Leistungen unter der Position „Lieferantenverbindlichkeiten“ in der Bilanz ausgewiesen sind. Weitere finden sich unter Umständen unter dem Punkt „Verbindlichkeiten gegenüber verbundenen Unternehmen“, der im Anhang zum Jahresabschluss weiter aufgegliedert ist.

Zusätzlich ist zu beachten, dass sich weitere liquide Mittel des Unternehmens unter „Forderungen gegenüber verbundenen Unternehmen" (Finanzforderungen) aus Cash-pool-Vereinbarungen verbergen können und ebenfalls zu berücksichtigen sind. Angaben hierzu im Anhang.

Günter wird nachdenklich bezüglich der Zahlen des Vorjahres. Seiner Erinnerung nach waren diese in früheren Jahren ähnlich. Dies zeigt, dass die Murnauer Metallwerke bis zum Vorjahr ein extrem renditeträchtiges Unternehmen waren. Das wurde allerdings von der Geschäftsleitung so nicht kommuniziert. **Fazit**

6.3 Zukunftsfähigkeit des Unternehmens

Da der Jahresabschluss eine Vergangenheitsbetrachtung ist, ist er nicht immer die erste Wahl bezüglich Informationen, welche die Zukunftssicherheit der Arbeitsplätze betreffen. Vielmehr ist die Unternehmensplanung, die übrigens auch einem Wirtschaftsausschuss zu erläutern ist, hierfür die einschlägigere Informationsquelle.

Dennoch lassen sich auch im Jahresabschluss einige Indizien für bestimmte Entwicklungen finden, denn man kann aus dem bisherigen Verlauf Rückschlüsse für die Zukunft ziehen.

6.3.1 Investiert das Unternehmen ausreichend in seine technischen Anlagen?

MERKE

Unternehmen, bei denen die Sachanlagen entscheidend für die Leistungserstellung sind (z. B. Industrieunternehmen), „bluten aus", falls über eine längere Dauer Investitionen zurückgefahren werden.

Testkennziffer für die Investition in Neuanlagen ist die **Nettoinvestition.** Sie zeigt, ob das Unternehmen seine Sachanlagen wertmäßig erhält, ob sie expandieren oder schrumpfen. **Kennziffer**

Formel

Nettoinvestition auf Sachanlagen (€) =
Bruttoinvestition auf Sachanlagen (€)
- Abschreibung des Geschäftsjahres auf Sachanlagen (€)

TIPP

Tipp für die Praxis

Die zugehörigen Daten für eine Berechnung der Nettoinvestition sind im Anlagespiegel im Anhang des Jahresabschlusses zu finden.

MURNAUER METALLWERKE

Günter errechnet aus dem Anlagespiegel die Differenz aus Sachanlagen-Zugängen und Abschreibungen auf Sachanlagen des Geschäftsjahres, um die „Nettoinvestition" zu erhalten:

2019: € 2.159.019 - € 3.951.101 = - € 1.792.082

Wertung

Sind die Nettoinvestitionen positiv, bedeutet dies, dass die Investitionen die Abschreibungen des laufenden Jahres überschreiten. Damit kann einer Veralterung der Fertigungsanlagen entgegegewirkt werden. Sind die Nettoinvestitionen negativ, kann dies ein Indiz für mangelnde Zukunftsvorsorge sein.

TIPP

Tipp für die Praxis

Bei der Beurteilung ist Vorsicht geboten: Die Nettoinvestitionen können auch negativ sein, wenn in vergangenen Jahren viel investiert wurde und in Folge dessen die Abschreibungen der ersten Jahre sehr hoch zu Buche schlagen. Ebenso sind positive Nettoinvestitionen nicht immer ein Zeichen guter Zukunftsvorsorge, da unter Umständen nur Investitionen nachgeholt wurden, die früher versäumt wurden. Aus diesem Grund ist eine sorgfältige Ursachenforschung, Beobachtung und Interpretation ratsam.

Ursachen eines schlechten Wertes

Ursachen für negative Nettoinvestitionen können neben der genannten mangelnden Vorsorge oder der hohen Abschreibungen auch sein:

- Outsourcing, also vermehrte Verlagerung der Wertschöpfung nach außen,
- Umstieg auf Leasing oder Miete von Anlagevermögen, da die Bilanzierung dann typischerweise beim Leasinggeber erfolgt.

Aus den errechneten Zahlen sieht Günter, dass im letzten Jahr weniger investiert als abgeschrieben wurde. Dies würde gut zu seiner Befürchtung passen, dass der Standort Murnau langfristig geschlossen werden soll. **Fazit**

Wolfgang Baier weist Günter allerdings darauf hin, dass er für diese Schlussfolgerung mehrere Jahre in Folge beobachten müsste, weil Investitionen in der Regel zyklisch und nicht gleichmäßig erfolgen.

6.3.2 Sind die Sachanlagen veraltet?

MERKE

Werden die Sachanlagen des Unternehmens laufend älter, kann dies auf die Auszehrung des Unternehmens hindeuten.

Kennziffer hierfür ist der **Anlagenabnutzungsgrad** bzw. die **Abschreibungsquote.** **Kennziffer**

Der Anlagenabnutzungsgrad bzw. die Abschreibungsquote berechnet, zu welchem Prozentsatz die Sachanlagen bereits abgeschrieben sind.

Formel

$$\text{Abschreibungsquote (\%) auf Sachanlagen} = \frac{\text{Kumulierte Abschreibung auf Sachanlagen}}{\text{Sachanlagen zu historischen Anschaffungskosten}} \times 100$$

MURNAUER METALLWERKE

Für die Murnauer Metallwerke ergeben sich folgende Werte für die **Abschreibungsquote**:

$$2018: \frac{€\,31.147.550}{€\,50.170.997} \times 100 = 62{,}08\,\%$$

$$2019: \frac{€\,34.181.655}{€\,51.412.716} \times 100 = 66{,}48\,\%$$

Je höher der errechnete Wert ist, desto mehr wurde abgeschrieben und desto höher ist das durchschnittliche Alter der Sachanlagen. Ein Wert von 90 % bedeutet folglich, dass die Sachanlagen bereits zu 90 % abgeschrieben sind, was auf eine Veralterung hindeutet. In diesem Fall stellt sich **Wertung** die Frage, ob das Unternehmen mit veralteten Fertigungsanlagen langfristig seine Existenz erhalten kann. Hohe Werte deuten auf einen künftigen Nachholbedarf für Modernisierungsinvestitionen und einen damit verbundenen Kapitalbedarf hin.

Abschreibungsquote (= Anlagenabnutzungsgrad)

Note	1	2	3	4	5
Wert in %	40	50	60	70	80

TIPP

Tipp für die Praxis

Zu berücksichtigen ist, dass die Abschreibungsquote auch abhängig ist von der gewählten Abschreibungsmethode und Abschreibungsdauer.

Fazit Beide Werte haben sich bei den Murnauer Metallwerken nicht gravierend verändert, und bewegen sich in einem befriedigenden Bereich.

6.3.3 Investiert das Unternehmen in die Zukunft seiner Produkte und Dienstleistungen?

In verschiedenen Branchen hängt der langfristige Unternehmenserfolg vom Know-how ab, das sich in den Produkten und Dienstleistungen niederschlägt. Es findet beispielsweise seinen Ausdruck in technischen Innovationen, in Qualität, neuartigen Werkstoffen, chemischen Zusammensetzungen etc.

Kennziffer Testkennziffer hierfür ist die **Forschungsintensität.** Die Forschungsintensität misst, wie viel Prozent des Umsatzes das Unternehmen in Forschung und Entwicklung investiert.

Formel

$$\text{Forschungsintensität (\%)} = \frac{\text{Forschungs- und Entwicklungsaufwand}}{\text{Umsatzerlöse}} \times 100$$

Wertung Diese Zahlen können nur branchenintern verglichen werden. Zudem bedeuten hohe Ausgaben in diesem Bereich nicht automatisch entsprechende Erfolge.

TIPP

Tipp für die Praxis

Falls die Gewinn- und Verlustrechnung nach dem Umsatzkostenverfahren gegliedert ist, lassen sich die Werte für letzteren oft direkt aus ihr entnehmen. Ansonsten muss der Forschungs- und Entwicklungsaufwand aus dem internen Rechnungswesen abgerufen werden.

6.3.4 Werden die Abschreibungen des Unternehmens reinvestiert?

MERKE

Die Abschreibungen stellen den Werteverzehr der Sachanlagen dar. Dieser entsteht durch Abnutzung, technische Veralterung usw. Um die Substanz eines Unternehmens zu erhalten, muss mindestens der Wert der Abschreibungen durch Neuinvestitionen kompensiert werden.

Kennziffer

Die Testkennziffer hierzu ist der **Reinvestitionsgrad der Abschreibungen**.

Formel

$$\text{Reinvestitionsgrad (\%)} = \frac{\text{Sachanlagenzugänge (im Geschäftsjahr)}}{\text{Abschreibungen an Sachanlagen (des Geschäftsjahres)}} \times 100$$

MURNAUER METALLWERKE

$$2019: \frac{€\ 2.159.019}{€\ 3.951.101} \times 100 = 54{,}64\ \%$$

Wertung

Ein Reinvestitionsgrad von 100 % bedeutet, dass die Neuinvestitionen gerade die Abschreibungen der alten Anlagen ausgleichen. Ein Reinvestitionsgrad unter 100 % besagt, dass die Sachanlagen veralten bzw. der Produktionsapparat schrumpft.

TIPP

Tipp für die Praxis

Dieser Wert muss über mehrere Jahre betrachtet werden, denn nach Jahren mit Investitionsspitzen werden meist Jahre mit Reinvestitionsgraden unter 100 % folgen. Entscheidend ist daher ein längerfristiger Durchschnittswert.

Fazit Günter sieht anhand dieser Zahl, dass die Neuinvestitionen gerade mal rund die Hälfte der Abschreibungen betragen. Dies wertet er als schlechtes Zeichen für eine langfristige Zukunft.

6.4 Mitarbeiter- und betriebsratsbezogene Daten

Im Jahresabschluss und im Anhang sind eine Reihe von Informationen zu finden, die den Anteil des Mitarbeiters am Unternehmenserfolg zeigen. Ebenso lassen sich Angaben zur Unternehmensleitung, zur Anzahl der Beschäftigten etc. herausfiltern.

6.4.1 Wie stark fallen die Personalaufwendungen ins Gewicht?

Sobald von Kostensenkungsprogrammen die Rede ist, fällt das Augenmerk auch auf die Personalaufwendungen. Je höher ihr Anteil an den gesamten Aufwendungen ist, desto stärker sind sie im Fokus.

Kennziffer Kennziffer hierfür ist die **Personalaufwandsquote** (Personalkostenanteil). Die Personalaufwandsquote zeigt, wie viel Prozent des Umsatzes für Personal aufgewendet werden müssen.

Formel

$$\text{Personalaufwandsquote (\%)} = \frac{\text{Personalaufwand}}{\text{Umsatzerlöse}} \times 100$$

MURNAUER METALLWERKE

Günter berechnet für die Murnauer Metallwerke folgende Werte für die **Personalaufwandsquote:**

$$2018: \frac{€\ 52.800.000}{€\ 140.000.000} \times 100 = 37{,}7\ \%$$

$$2019: \frac{€\ 46.800.000}{€\ 142.000.000} \times 100 = 33{,}0\ \%$$

TIPP

Tipp für die Praxis

Sollte die Gewinn- und Verlustrechnung nach dem Umsatzkostenverfahren gegliedert sein, ist der Personalaufwand dem Anhang zu entnehmen. Eine Einordnung der Werte in eine Benotungsskala ist nicht sinnvoll. Grundsätzlich gilt: Je personalintensiver ein Unternehmen ist, desto höher der Wert. Dies trifft typischerweise für Dienstleistungen zu. Je niedriger die Wertschöpfungstiefe (Fertigungstiefe) und je höher der Automatisierungsgrad, desto niedriger der Wert. In der Regel sind aber Bereiche mit hohem Personalaufwand stärker von Verlagerungen in Niedriglohnländer bedroht, falls sie nicht standortgebunden sind.

Verringern lässt sich der Personalaufwand beispielsweise durch Outsourcing. Die Folge davon ist allerdings ein erhöhter Zukauf-(/Zuliefer-)anteil. Dazu gleich im Anschluss noch mehr.

Fazit Günter erstaunt die Veränderung des Wertes nicht. Der deutliche Personalabbau in letzter Zeit lässt sich anhand dieser Zahlen gut nachvollziehen. Ob sich die stückweise Verlagerung der Produktion auf das ausländische Tochterunternehmen ebenfalls erkennen lässt? Günter schaut sich den Zulieferanteil an.

6.4.2 Wie hoch ist der Anteil der Fremdleistungen? Betreibt das Unternehmen Outsourcing?

Erbringt das Unternehmen die Wertschöpfung an der Leistung überwiegend mit eigenen Mitarbeitern oder bezieht es die Leistungen überwiegend von außen?

MERKE

Für Betriebsrat und Beschäftigte ist die Anzahl und Sicherheit der Arbeitsplätze im eigenen Unternehmen wichtig. Zunehmendes Outsourcing bedeutet, dass die eigene Wertschöpfung am Produkt abnimmt und mehr und mehr auf Zulieferer übergeht.

Kennziffer Testkennziffer für die Wertschöpfungstiefe ist der **Zulieferanteil.** Der Zulieferanteil (auch Materialkostenanteil) zeigt, wie hoch der Anteil der zugekauften Leistungen am eigenen Umsatz ist.

Formel

$$\textit{Zulieferanteil (\%)} = \frac{\textit{Materialaufwand}}{\textit{Umsatzerlöse}} \times 100$$

MURNAUER METALLWERKE

Günter berechnet den Zulieferanteil für die Murnauer Metallwerke:

$$2018: \quad \frac{€\ 56.300.000}{€\ 140.000.000} \times 100 = 40{,}21\ \%$$

$$2019: \quad \frac{€\ 72.000.000}{€\ 142.000.000} \times 100 = 50{,}70\ \%$$

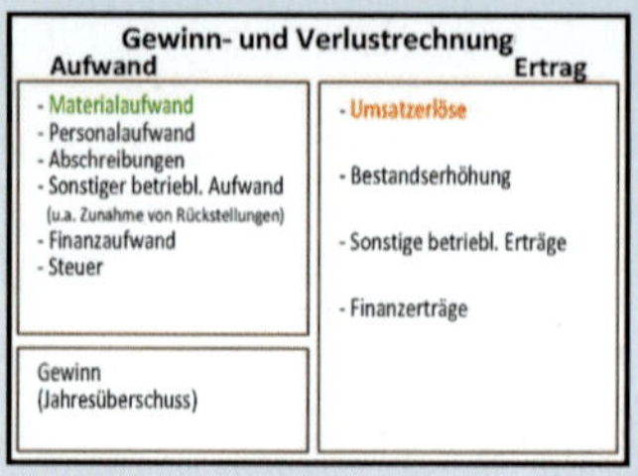

Wertung Ein hoher Zuliefereranteil bedeutet eine geringe eigene Wertschöpfung am Produkt (an einer Sachleistung oder an einer Dienstleistung). Steigt der errechnete Wert im Zeitablauf, ist für eine Interpretation aus Betriebsratssicht eine genauere Analyse notwendig.

Zunehmende Werte deuten entweder auf gestiegene Einkaufspreise oder auf eine Verringerung der eigenen Wertschöpfungstiefe (Outsourcing) hin: Wird nämlich der Zulieferanteil höher, muss die eigene Wertschöpfungstiefe abgenommen haben. Für ein produzierendes Unternehmen bedeutet dies im Extremfall, dass es sich in ein Handelsunternehmen verwandelt.

Tipp für die Praxis

TIPP

Unternimmt man einen Vergleich der Veränderungen im Zulieferanteil und im Personalkostenanteil, so ist folgende Beobachtung zu machen: Beide verändern sich bei einer Veränderung der Fertigungstiefe (Wertschöpfungstiefe) gegenläufig. Ein zunehmender Zulieferanteil ist typischerweise mit einem abnehmenden Personalkostenanteil gekoppelt. Steigen aber beide Kennzahlen an, so deutet dies auf eine strukturelle Verschlechterung der Ertragskraft hin.

Fazit

Der angesprochene Fall eines steigenden Zulieferanteils ist eingetreten: Im aktuellen Geschäftsjahr wurde gegenüber dem Vorjahr deutlich mehr oder teurer zugekauft.

Günter schwirrt der Kopf. „Wie hängen diese Zahlen nun zusammen?" Er befürchtet, dass der höhere Zukauf mit der Ankündigung der Geschäftsleitung zu tun hat, die Fertigung verstärkt zur neuen Tochterfirma in Tschechien zu verlegen. Der Grund hierfür sei, wie immer: zu hohe Personalkosten am Standort Murnau.

Allerdings geben die Relationen Günter zu denken. Waren Personalaufwand und Zulieferanteil zusammen 77,9 % im Vorjahr, so stiegen sie auf 83,6 % im aktuellen Geschäftsjahr. Das heißt, die Zukaufskosten sind stärker gestiegen, als die Personalkosten gefallen sind (vgl. oben 4.1). Günter denkt im Stillen: „So günstig scheinen die Tschechen doch nicht zu produzieren, oder warum kaufen wir zu so hohen Preisen ein?"

6.4.3 Wie viel erwirtschaftet das Unternehmen zur Verteilung zwischen Arbeitnehmern und Eigentümern?

MERKE

Weder Arbeitnehmer noch Eigentümer bringen aus selbstlosen Motiven ihre Arbeitsleistung bzw. ihr Kapital ins Unternehmen ein. Sie tun dies überwiegend aus individuellem wirtschaftlichem Interesse. Ermittelt werden soll, was durch den Einsatz der Produktionsfaktoren Arbeit und Kapital erwirtschaftet wird.

Kennziffer

Kennziffer für den Erfolg aus Kapitalbereitstellung und Einsatz von Arbeitskraft ist die **Wertschöpfung.**

Bei der gemäß nachstehender Formel berechneten Wertschöpfung wird ermittelt, welcher Anteil der Wertschöpfung für Arbeitnehmer und Eigentümer verbleibt, nachdem Banken (Zinsen) und Staat (Steuern) bereits bedient sind.

Formel *Wertschöpfung (€) = Jahresüberschuss + Personalaufwand*

MURNAUER METALLWERKE

Für die Murnauer Metallwerke ergeben sich als Wertschöpfung folgende Werte:

2018: € 4.564.400 + € 52.800.000 = € 57.364.400

2019: - € 8.946.913 + € 46.800.000 = € 37.853.087

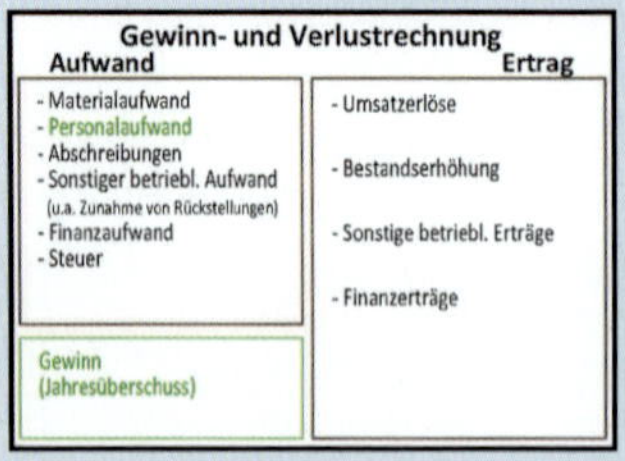

TIPP

Tipp für die Praxis

Die Wertschöpfung ist als absolute Zahl für Vergleiche zwischen Unternehmen ungeeignet. Deshalb sind für derartige Vergleiche abgeleitete Kennziffern mit Bezugsgrößen heranzuziehen.

Günter stellt zunächst fest, dass die Wertschöpfung deutlich gesunken ist und niedriger liegt als der Personalaufwand. Er kann sich das nicht erklären. Wolfgang Baier empfiehlt ihm, zunächst die Mitarbeiterzahl als Bezugsgröße heranzuziehen und unter diesem Blickwinkel noch einmal mit der Kennzahl Wertschöpfung zu rechnen.

6.4.4 Wie viel erwirtschaftet ein Mitarbeiter pro Jahr?

MERKE

Die Produktivität der Mitarbeiter ist ein wesentlicher Faktor für den Unternehmenserfolg. Um von der (absoluten) Kennziffer „Wertschöpfung" auf eine zwischen Unternehmen vergleichbare Größe zu kommen, ist es notwendig, die Mitarbeiterzahl zu berücksichtigen.

Kennziffer

Testkennziffer hierfür ist die **Wertschöpfung pro Mitarbeiter.**

Sie zeigt die Produktivität der Mitarbeiter, gerechnet pro Arbeitsplatz. Diese pro Arbeitsplatz bzw. pro Mitarbeiter erwirtschaftete Wertschöpfung steht dann zur Verteilung zwischen Mitarbeitern und Eigentümern zur Verfügung.

Formel

$$\text{Wertschöpfung je Mitarbeiter und Jahr (€)} = \frac{\text{Wertschöpfung}}{\text{Anzahl Mitarbeiter}}$$

MURNAUER METALLWERKE

Für die Murnauer Metallwerke lassen sich folgende Werte für die **Wertschöpfung pro Mitarbeiter** errechnen:

$$2018: \quad \frac{\text{€ } 57.364.400}{980 \text{ MA}} = \text{€ } 58.535{,}10/\text{Jahr}$$

$$2019: \quad \frac{\text{€ } 37.853.087}{910 \text{ MA}} = \text{€ } 41.596{,}80/\text{Jahr}$$

Wertung

Grundsätzlich gilt: Je höher die Zahl ist, desto wertschöpfender (produktiver) ist ein Arbeitsplatz. Umso größer ist dann auch der Verteilungsspielraum.

Wertschöpfung pro MA

Note	1	2	3	4	5
Wert in €	70.000	60.000	50.000	40.000	35.000

TIPP

Tipp für die Praxis

Für die Berechung der Kennziffer ist es nötig, die Anzahl der Mitarbeiter zu kennen. Dem Anhang zum Jahresabschluss ist nur die Zahl der im Jahresdurchschnitt beschäftigten Mitarbeiter zu entnehmen. Diese berücksichtigt aber nicht den Anteil der teilzeitbeschäftigten Mitarbeiter und würde deshalb Vergleiche zwischen Unternehmen verfälschen. Besser ist es daher, die Berechnung der Kennziffer mit einer Mitarbeiterzahl durchzuführen, die auf Vollzeit gerechnet ist, bei der also die Teilzeitkräfte auf Vollzeit umgerechnet werden.

Fazit Günter stutzt beim Betrachten der Zahlen. „Dies bedeutet ja, dass pro Arbeitsplatz die Wertschöpfung deutlich gesunken ist!" Und er ergänzt: „Man könnte auch sagen, dass die Produktivität pro Arbeitsplatz gesunken ist." Herr Baier nickt. „Zudem ist aus diesen Zahlen nicht erkennbar, dass die Verlagerungen zum Tochterunternehmen Früchte tragen."

6.4.5 Wie viel von der Wertschöpfung fließt in Richtung der Mitarbeiter?

MERKE

Nach obiger Formel wurde die Wertschöpfung festgestellt, die zwischen Arbeitnehmern und Eigentümern verteilbar ist. Weiter lässt sich nun ermitteln, welcher Anteil den Mitarbeitern tatsächlich zugeflossen ist.

Kennziffer Testkennziffer hierfür ist der **Personalaufwand pro Mitarbeiter.** Mit Hilfe der Kennziffer Wertschöpfung pro Mitarbeiter (s. o.) wurde eine durchschnittliche Summe errechnet: Wie viel wird im Durchschnitt pro Arbeitsplatz erwirtschaftet? Jetzt wird der Blick darauf gerichtet, wie dieser Betrag zwischen Arbeitnehmern und Eigentümern verteilt wird.

Formel

$$\textit{Personalaufwand je Mitarbeiter (€)} = \frac{\textit{Personalaufwand}}{\textit{Anzahl Mitarbeiter}}$$

TIPP

Tipp für die Praxis

Die Personalaufwendungen erhalten wir, indem wir die Löhne und Gehälter, Sozialaufwendungen des Arbeitgebers und eventuell die Aufwendungen für die Altersvorsorge heranziehen.

Was die Anzahl der Mitarbeiter betrifft, so gilt hier die gleiche Anmerkung wie oben (in Teilzeit beschäftigte Mitarbeiter werden auf Vollzeit umgerechnet).

MURNAUER METALLWERKE

Für die Murnauer Metallwerke ergeben sich als **Personalaufwand je Mitarbeiter:**

$$2018: \frac{€\,52.800.000}{980\ MA} = €\,53.877{,}55$$

$$2019: \frac{€\,46.800.000}{910\ MA} = €\,51.428{,}57$$

Ursachen sinkender Werte

Die Ursachen für einen sinkenden Wert können vielfältig sein, beispielsweise eine Absenkung der Löhne und Gehälter, ein Wegfall von Leistungen des Arbeitgebers (Weihnachtsgeld etc.), eine Veränderung der Beschäftigtenstruktur oder das Ausscheiden älterer Mitarbeiter.

Fazit

Eine geringfügige Veränderung zeigt bei den Murnauer Metallwerken einen leichten Rückgang des Personalaufwandes pro einzelnem Mitarbeiter. Dies bedeutet, dass im Durchschnitt die Kosten pro Mitarbeiter gesunken sind.

6.4.6 Wie viel verdient der Arbeitgeber pro Mitarbeiter?

MERKE

Stand oben der Mitarbeiter im Mittelpunkt der Betrachtung, so kann nun der Blick auch auf den Arbeitgeber gerichtet werden. Ihn interessiert, welcher Anteil an der Wertschöpfung für ihn verbleibt.

Kennziffer

Testkennziffer hierfür ist der **Eigentümeranteil pro Arbeitsplatz bzw. pro Mitarbeiter.**

Mit dieser Zahl wird der Anteil des Arbeitgebers an der Wertschöpfung pro Mitarbeiter berechnet.

Formel

$$\text{Eigentümeranteil je Mitarbeiter pro Jahr (€)} = \frac{\text{Wertschöpfung}}{\text{Mitarbeiter}} - \frac{\text{Personalaufwand}}{\text{Mitarbeiter}}$$

MURNAUER METALLWERKE

Für die Murnauer Metallwerke ergeben sich folgende Werte für den **Eigentümeranteil pro Arbeitsplatz:**

$$2018: \frac{€\ 57.364.400}{980\ MA} - \frac{€\ 52.800.000}{980\ MA} = €\ 4.657{,}55/\text{Jahr}$$

$$2019: \frac{€\ 37.853.087}{910\ MA} - \frac{€\ 46.800.000}{910\ MA} = €\ -9.831{,}77/\text{Jahr}$$

TIPP

Tipp für die Praxis

Jeder Eigentümer eines Unternehmens (Aktionär, Gesellschafter etc.) finanziert die Arbeitsplätze der Beschäftigten (Gebäude, Maschinen, Ausstattung etc.). Dafür erwartet er eine entsprechende Entlohnung. Ein hoher Anteil des Arbeitgebers an der Wertschöpfung pro Arbeitsplatz (was aber umgekehrt einen kleineren Anteil des Mitarbeiters bedeutet) macht für ihn den Arbeitsplatz interessant.

Vergleicht man die Entwicklung von Personalaufwand pro Mitarbeiter und Eigentümeranteil pro Mitarbeiter, so sieht man, ob sich im Laufe der Zeit die Gewichtung in der Verteilung der Wertschöpfung des Unternehmens geändert hat. Ist die Wertschöpfung pro Mitarbeiter geringer als der Personalaufwand pro Mitarbeiter, so ist die Differenz für den Arbeitgeber negativ. Das heißt die Eigentümer haben pro Arbeitsplatz in dieser Höhe Verlust erlitten.

Fazit

Im Vorjahr lag die Wertschöpfung pro Arbeitsplatz noch über dem Personalaufwand. Die negative Zahl im Folgejahr offenbart, wie hoch der Verlust der Eigentümer pro Arbeitsplatz bei den Murnauer Metallwerken war. Um diesen Betrag liegt der Personalaufwand pro Mitarbeiter nun höher als die Wertschöpfung pro Mitarbeiter.

6.4.7 Wie viel erhält ein Mitarbeiter?

MERKE

Der durchschnittliche Verdienst eines Mitarbeiters ist von Bedeutung, wenneineEntwicklungaufgezeigtwerdensolloderein Vergleichzwischen einzelnen Unternehmen oder auch ganzen Branchen erwünscht ist.

Kennziffer

Kennziffer hierfür ist der **durchschnittliche Bruttolohn.** Der durchschnittliche Bruttolohn bezieht die Gesamtsumme an Löhnen und Gehältern auf die Mitarbeiterzahl.

Formel

$$\textit{Bruttolohn je Mitarbeiter pro Jahr (€)} = \frac{\textit{Löhne und Gehälter}}{\textit{Anzahl Mitarbeiter}}$$

MURNAUER METALLWERKE

Für die Murnauer Metallwerke ergeben sich als **durchschnittlicher Bruttolohn** folgende Werte:

$$2018: \quad \frac{€\ 44.000.000}{980\ MA} = €\ 44.897{,}96/Jahr$$

$$2019: \quad \frac{€\ 39.000.000}{910\ MA} = €\ 42.857{,}14/Jahr$$

TIPP

Tipp für die Praxis

In der Summe aus Löhnen und Gehältern sind auch die Bezüge von Vorstand bzw. Geschäftsführung enthalten. Steigende Werte können sowohl auf Lohnsteigerungen als auch auf eine Verschiebung der Beschäftigtenstruktur deuten. Bei einem Vergleich zwischen Unternehmen ist darauf zu achten, dass Unternehmen mit einer ähnlichen Beschäftigungsstruktur verglichen werden.

Fazit

Analog zum Sinken des Personalaufwandes pro Mitarbeiter sinkt auch der durchschnittliche Bruttolohn. Mögliche Ursachen sind, wie oben angesprochen, in sinkenden Löhnen und Gehältern, eingeschränkten Arbeitgeberleistungen, einer veränderten Beschäftigtenstruktur usw. zu finden.

Wolfgang Baier wendet sich wieder an Günter: „Damit haben wir die wichtigsten Kennzahlen zur Bilanzanalyse besprochen und auf Ihren Jahresabschluss angewendet. Sehen wir uns jetzt Ihre Ausgangsfragestellungen nochmals an:

1. Steht unsere Firma unmittelbar von dem Aus?
2. Geht es unserer Firma tatsächlich so schlecht wie von der Geschäftsleitung dargestellt?
3. Sind die Forderungen der Geschäftsleitung berechtigt?
4. Ist eine Strategie im Zusammenhang mit der neuen Tochterfirma in Tschechien zu erkennen?

Wie würden Sie diese Fragen mit dem jetzt gewonnenen Wissen beantworten?
In den kommenden Tagen werden sicherlich auch Kollegen und Kolleginnen auf Sie zukommen und wissen wollen, was Sie über die wirtschaftliche Entwicklung des Unternehmens herausgefunden haben. Könnten Sie denn, natürlich verständlich und in aller Kürze – sagen wir mal in zehn Sätzen –, die Ergebnisse unserer Analyse auch kommunizieren?"

Fazit Günter denkt nach und blättert für einige Minuten in seinen Aufzeichnungen über die Berechnung und Auswertung der Kennziffern. Er beginnt, sich Notizen zu machen. Schließlich meint er: „Wenn ich versuche, die analysierten Kennziffern in die Analysebereiche
(1) Stabilität,
(2) Rentabilität,
(3) Zukunftsentwicklung und
(4) mitarbeiter- und betriebsratsbezogene Daten
einzuordnen, ergibt sich folgendes Bild:

1. Die Murnauer Metallwerke hatten eine sehr hohe Eigenkapitalquote und waren sehr solide finanziert. Das hat sich wegen der Eigenkapitalentnahme durch die Gesellschafter und wegen der hohen Verluste geändert. Wenn die Verluste in der derzeitigen Höhe anhalten, ist das Eigenkapital in weniger als drei Jahren aufgebraucht und die Firma insolvent.
2. Sämtliche Renditen haben sich deutlich verschlechtert. Ursache dafür ist der negative Jahresüberschuss. Es deutet vieles darauf hin, dass die eigentlichen Gründe dafür nicht im betrieblichen Geschehen in Murnau liegen, sondern die Verluste haben im Kern drei Ursachen:
   1. Abschreibungen auf Finanzanlagen (Beteiligungen),
   2. Erhöhung von Rückstellungen,
   3. Erhöhung von Materialaufwendungen.
3. Zurzeit wird bei den Murnauer Metallwerken wenig investiert. Wenn sich der Zustand über mehrere Jahre ausweitet, deutet dies auf einen Abbau der Produktionskapazitäten hin.

4. Die Beschäftigten haben schon deutliche Zugeständnisse gemacht. Dies zeigt sich im gesunkenen Personalaufwand pro Mitarbeiter. Der finanzielle Spielraum, der dadurch gewonnen wurde, ist an anderer Stelle jedoch verspielt worden."

„Kompliment, dem habe ich nichts hinzuzufügen", sagt Wolfgang Baier.

Günter ist stolz auf sich und strahlt über das ganze Gesicht. Langsam beginnt ihm die Sache trotz der unerfreulichen Erkenntnisse richtig Spaß zu machen. Eigentlich schade, dass es meist erst unternehmerische Krisen braucht, bis sich jemand mit dieser absolut interessanten und für alle Mitarbeiter wichtigen Thematik beschäftigt. Für ihn persönlich steht auf jeden Fall fest: Er wird einen Wirtschaftsausschuss ins Leben rufen und gemeinsam mit diesem versuchen, die aktuelle Krise zu überwinden.

„Bevor wir uns trennen, Herr Baier, habe ich noch ein Anliegen: Der Betriebsrat darf zukünftig von wirtschaftlichen Veränderungen im Unternehmen nicht mehr überrascht werden. Wir müssen uns organisatorisch und fachlich anders aufstellen. Können sie mir jemanden empfehlen, der uns Hilfen gibt, wie wir einen solchen Schlamassel zukünftig vermeiden?"

Wolfgang Baier nickt und sagt: „Ich denke da an einen Betriebsratsvorsitzenden aus einem Unternehmen gleich bei Ihnen um die Ecke, die Werdenfelser FortbildungsGmbH. Mit ihm arbeite ich seit Jahren zusammen und er versteht sein Handwerk. Er kann Ihnen viele gute Tipps geben." Günter nickt, denn dieser Betriebsratsvorsitzende ist ihm nicht unbekannt.

7

Rechtliche Grundlagen des Wirtschafts-ausschusses

In diesem Kapitel erfahren Sie

1. welchen Nutzen ein Wirtschaftsausschuss bringt,
2. wie ein Wirtschaftsausschuss funktioniert,
3. wie bei Problemen vorzugehen ist.

Günter Kleinschmitt sucht sich die Handynummer des Kollegen aus dem benachbarten Unternehmen heraus. Er heißt Klaus Habert und ist Vorsitzender des Gesamtbetriebsrats der FortbildungsGmbH, die Marktführer auf ihrem Gebiet ist. Günter vereinbart einen Termin am Montag um 10 Uhr.

Pünktlich um 10 Uhr steht Günter am Eingang der FortbildungsGmbH. Klaus Habert holt ihn am Eingang ab und führt ihn in sein Büro. Günter erzählt seine Geschichte und bittet um Rat zu folgenden Fragen:

- Hätte der Arbeitgeber den Betriebsrat nicht schon früher informieren müssen?
- Welche wirtschaftlichen Informationen muss der Arbeitgeber dem Betriebsrat überhaupt geben?
- Und welche Einflussmöglichkeiten hat der Betriebsrat in wirtschaftlichen Angelegenheiten?

Klaus Habert fragt Günter daraufhin nach der Arbeitsweise seines Wirtschaftsausschusses, denn dieser müsse den Betriebsrat eigentlich mit den notwendigen Informationen versorgen und sei gleichzeitig auch sein Frühwarnsystem.

Günter muss gestehen, dass sein Betriebsrat einen solchen Wirtschaftsausschuss überhaupt nicht hat. Und so muss er sich eine Standpauke von Klaus Habert anhören, die mit dem Satz endet: „Ohne Wirtschaftsausschuss keine regelmäßigen wirtschaftlichen Informationen für den Betriebsrat." Günter dämmert, dass er sich wirklich schnell dem Thema Wirtschaftsausschuss auseinandersetzen sollte.

7.1 Errichten eines Wirtschaftsausschusses

7.1.1 Welche Unternehmen bilden einen Wirtschaftsausschuss?

> § 106 Abs. 1 Satz 1 BetrVG
> In allen Unternehmen mit in der Regel mehr als einhundert ständig beschäftigten Arbeitnehmern ist ein Wirtschaftsausschuss zu bilden.

§ 106 Abs. 1 Satz 1 BetrVG

Arbeitnehmer im Sinne des Betriebsverfassungsgesetzes sind:

§ 5 BetrVG

- Arbeiter und Angestellte (auch außertarifliche Angestellte),
- die zu ihrer Berufsausbildung beschäftigten Personen,
- Heimarbeiter, die hauptsächlich für den Betrieb arbeiten.
- evtl. auch befristet beschäftigte Arbeitnehmer, wenn die Arbeitsaufgabe bzw. der Arbeitsplatz auf Dauer besteht (vgl. LAG Niedersachsen v. 27.11.1984 – 8 TaBV 6/84; BB 1985, 2173; LAG Berlin v. 6.12.1989 – 2 TaBV 6/89, DBB 1990, 538).
- Befristet beschäftigte Arbeitnehmer sind i.S.d. § 106 BetrVG dann ständig beschäftigt, wenn sie 18 Monate oder mehr im Unternehmen tätig sind (LAG Hamburg v. 19.07.2018 – 1 TaBV 2/18).

Keine Arbeitnehmer im Sinne des Betriebsverfassungsgesetzes sind z. B. leitende Angestellte und Mitglieder des vertretungsberechtigten Organs (z. B. Geschäftsführer). Auch befristet beschäftigte Arbeitnehmer zählen nicht zu den ständig beschäftigten Arbeitnehmern.

Hat ein Unternehmen mehrere Betriebe, ermittelt sich die Mitarbeiterzahl aus der Gesamtzahl der Arbeitnehmer aller Betriebe. Dies gilt unabhängig davon, ob in dem jeweiligen Betrieb ein Betriebsrat vertreten ist oder nicht.

Hat ein Unternehmen Betriebe im Inland und im Ausland, so zählen die Beschäftigten in den ausländischen Betrieben nicht mit, wenn es um die Ermittlung der Mindestzahl geht, die für die Errichtung des Wirtschaftsausschusses erforderlich ist.

Betreiben mehrere Unternehmen gemeinsam einen einheitlichen Betrieb mit in der Regel mehr als 100 ständigen Arbeitnehmern, so ist ebenfalls ein Wirtschaftsausschuss für diesen Gemeinschaftsbetrieb zu bilden (BAG v. 1.8.1990 – 7 ABR 91/88, AP Nr. 8 zu § 106 BetrVG 1972).

MERKE

Der Wirtschaftsausschuss ist für das gesamte Unternehmen zuständig.

§ 118 Abs. 1 BetrVG

Eine Ausnahme bilden Tendenzbetriebe. In einem Tendenzbetrieb darf ein Betriebsrat keinen Wirtschaftsausschuss installieren.

Günter stellt fest, dass in seinem Unternehmen eigentlich alle Kriterien für die Errichtung eines Wirtschaftsausschusses erfüllt sind. Der Betriebsrat hätte also einen Wirtschaftsausschuss gründen können. Nur dann hätten sie vom Arbeitgeber regelmäßig über die wirtschaftliche Entwicklung und die Planungen unterrichtet werden müssen.

Irgendwie hat Günter auch den Eindruck, dass es ein Fehler war, dass niemand aus dem Gremium eine betriebsverfassungsrechtliche Grundlagenschulung absolviert hat. Solche „groben Schnitzer" wären dann wohl nicht passiert.

7.1.2 Wer errichtet den Wirtschaftsausschuss?

Wenn ein Unternehmen nur aus einem einzelnen Betrieb besteht, bestimmt der **Betriebsrat** den Wirtschaftsausschuss. Besteht es aus mehreren Betrieben, dann bestimmt der **Gesamtbetriebsrat** (GBR) den Wirtschaftsausschuss für das Unternehmen als Ganzes:

§ 107 Abs. 2 Satz 1 und 2, 1. HS BetrVG

> § 107 Abs. 2 Satz 1 und 2, 1. HS BetrVG
> „Die Mitglieder des Wirtschaftsausschusses werden vom Betriebsrat für die Dauer seiner Amtszeit bestimmt. Besteht ein Gesamtbetriebsrat, so bestimmt dieser die Mitglieder des Wirtschaftsausschusses; (...)."

Zur Unterscheidung von Unternehmen und Betrieb:

Unternehmen sind in den Mantel einer Rechtsform gekleidet (z. B. GmbH, KG etc.). Betriebe sind nur organisatorische Einheiten, die keine eigene Rechtsform besitzen (z. B. Niederlassungen, Werke etc.); sie sind Teil eines Unternehmens.

In Unternehmen, in denen mehrere Betriebsräte bestehen, aber unzulässiger Weise kein Gesamtbetriebsrat besteht, kann ein Wirtschaftsausschuss nicht errichtet werden.

Bestehen zwar mehrere Betriebe, aber nur ein Betriebsrat, so muss dieser den Wirtschaftsausschuss errichten. Dieser ist dann für das gesamte Unternehmen zuständig.

7.1.3 Wie viele Mitglieder hat der Wirtschaftsausschuss?

Der Wirtschaftsausschuss besteht aus drei bis sieben Mitgliedern. Die Zahl kann beliebig gewählt werden. Folgendes ist zu beachten: § 107 Abs. 1 BetrVG

- Mindestens ein Mitglied muss gleichzeitig Betriebsratsmitglied sein.
- Es dürfen auch leitende Angestellte in den Wirtschaftsausschuss berufen werden.

Die Bestellung erfolgt durch Mehrheitsbeschluss des Betriebsrats bzw. Gesamtbetriebsrats. Sie ist wirksam mit Annahme durch das berufene Mitglied. Entscheidendes Kriterium für die Bestellung ist die fachliche und persönliche Eignung der Mitglieder. Bei Wirtschaftsausschussmitgliedern, die dem Betriebsrat nicht angehören, werden daher besondere Anforderungen an die Sachkunde gestellt.

Besonderheiten bei größeren Betrieben:

Bei Unternehmen mit mehr als 200 Arbeitnehmern (Betriebsrat mit mindestens neun Mitgliedern) ist die Bildung eines Betriebsausschusses vorgeschrieben.

In diesem Fall kann der Betriebsrat (bzw. Gesamtbetriebsrat) auf die Bildung eines Wirtschaftsausschusses verzichten und die Aufgaben des Wirtschaftsausschusses einem sogenannten Ausschuss für wirtschaftliche Angelegenheiten übertragen. § 107 Abs. 3 BetrVG

Dieser hat die identischen Rechte und Pflichten wie ein „echter" Wirtschaftsausschuss. Der einzige Unterschied liegt in der zahlenmäßigen Besetzung des Ausschusses. Die Zahl der Mitglieder dieses besonderen Ausschusses ist frei wählbar, darf aber die Zahl der Mitglieder des jeweiligen Betriebsausschusses nicht überschreiten. Dies sind je nach Unternehmensgröße bis zu elf Mitglieder.

Zusätzlich dazu kann der Betriebsrat (oder Gesamtbetriebsrat) aber noch weitere Arbeitnehmer, übrigens auch leitende Angestellte, in diesen Ausschuss berufen, nämlich nochmal bis zur selben Zahl wie der Betriebsausschuss Mitglieder hat. Je nach Unternehmensgröße ist es also möglich, dass dieser Ausschuss für wirtschaftliche Angelegenheiten bis zu 22 Mitglieder hat.

Installiert wird dieser Ausschuss durch Beschluss des Betriebsrats (bzw. des Gesamtbetriebsrats) mit absoluter Mehrheit.

Günter überlegt, wer nach seiner Ansicht aus dem Betriebsrat als Wirtschaftsausschussmitglied in Frage kommen könnte bzw. wer überhaupt Interesse haben könnte. Im Betriebsrat sind keine Mitglieder mit kaufmännischer Vorbildung. Allerdings kennt er einige Kollegen aus der Verwaltung ganz gut. Ob da der ein oder andere vielleicht Interesse hätte?

Allerdings ist Günter die Funktionsweise des Wirtschaftsausschusses noch völlig unklar. Auch die rechtlichen Grundlagen für dessen Arbeitsweise kennt er nicht. Für Seminare zu diesem Thema ist leider die Zeit zu kurz. Er beschließt, seinen Kollegen Klaus Habert nochmal zu strapazieren und kündigt sich für einen weiteren Termin an. Diesmal hat Klaus etwas zu den wesentlichen Fragen zum Thema Wirtschaftsausschuss vorbereitet.

7.1.4 Wie lange ist die Amtszeit des Wirtschaftsausschusses?

§ 107 Abs. 2 BetrVG

Die Amtszeit des Wirtschaftsausschusses ist an die des ihn bildenden Organs gebunden. Ist er vom Betriebsrat gebildet, endet mit dessen Amtszeit auch die Amtszeit des Wirtschaftsausschusses. Bei einem vom Gesamtbetriebsrat gebildeten Wirtschaftsausschuss, endet die Amtszeit, wenn die Amtszeit der Mehrheit der Mitglieder des ihn bestellenden Gesamtbetriebsrats endet.

Die Amtszeit des Wirtschaftsausschusses endet außerdem auch dann, wenn die Belegschaftsstärke des Unternehmens nicht nur vorübergehend unter die Mindestanforderung (100 ständig beschäftigte Arbeitnehmer, genauer siehe oben) sinkt.

7.2 Der Wirtschaftsausschuss als Informationsdrehscheibe

7.2.1 Welche Funktion hat der Wirtschaftsausschuss?

Der Wirtschaftsausschuss ist die zentrale Informationsdrehscheibe und Diskussionsplattform zu allen wirtschaftlichen Themen zwischen Arbeitgeber (bzw. Unternehmen) und Betriebsrat (bzw. Gesamtbetriebsrat). Im Unterschied zu bestimmten Sondersituationen (z. B. Betriebsänderungen nach § 111 BetrVG), zu denen der Arbeitgeber ausnahmsweise den Betriebsrat zu informieren und mit ihm über die Situation zu beraten hat, ist der Wirtschaftsausschuss ein regelmäßiges Informationsgremium. Bei entsprechender Ausgestaltung ist er deshalb auch ein Frühwarnsystem des Betriebsrats zur wirtschaftlichen Entwicklung des Unternehmens.

7.2.2 Welche Aufgaben hat der Wirtschaftsausschuss?

§ 106 Abs. 1 BetrVG

Grundsätzlich ist der Wirtschaftsausschuss ein Informationsbeschaffungsorgan für den Betriebsrat. Er erhält vom Unternehmer Informationen zu wirtschaftlichen Angelegenheiten des Unternehmens, berät sie mit ihm und informiert den Betriebsrat.

Die Informationsrechte des Wirtschaftsausschusses unterscheiden sich von denen des Betriebsrats:

- Der Wirtschaftsausschuss muss laufend unterrichtet werden, nicht erst bei konkreten Anlässen (wie z. B. bei einer Betriebsänderung).
- Dem Wirtschaftsausschuss sind alle erforderlichen Unterlagen ohne ausdrückliche Anforderung zur Verfügung zu stellen.
- Der Arbeitgeber unterrichtet von sich aus über alle wirtschaftlichen Angelegenheiten, ohne dass es dafür besonderer Vorgaben und Aufforderungen des Wirtschaftsausschusses bedarf.

Wie läuft dies nun aber konkret ab?

7.2.3 Wie läuft die Information des Wirtschaftsausschusses ab?

§ 108 Abs. 1 BetrVG

Die Unterrichtung des Wirtschaftsausschusses erfolgt in regelmäßigen Sitzungen. Vom Gesetzgeber vorgeschlagen ist eine Sitzung pro Monat. Letztlich hängt der Sitzungsrhythmus aber von der Erforderlichkeit ab. Er kann, je nach Situation des Unternehmens, daher sehr unterschiedlich sein.

7.2.4 Wer informiert den Wirtschaftsausschuss?

§ 108 Abs. 2 BetrVG

Grundsätzlich informiert der Unternehmer den Wirtschaftsausschuss. Wer genau aber ist dies in der Praxis?

Bei einer Personengesellschaft (OHG, KG etc.) ist dies der Inhaber. Bei einer Kapitalgesellschaft sind es die Mitglieder des vertretungsberechtigten Organs: Bei der GmbH handelt es sich hierbei um die Geschäftsführung. Bei der AG sowie bei der Genossenschaft ist es der Vorstand.

Der Unternehmer kann laut Gesetzestext auch einen Stellvertreter schicken. Dies ist jemand, der laut Vertretungsregelung dafür vorgesehen ist. Zusätzlich kann ein sachkundiger Arbeitnehmer zur Sitzung hinzugezogen werden. Dies ist z. B. ein Mitarbeiter aus dem Controlling, der entsprechende Auswertungen erläutert.

7.2.5 Wie informiert der Unternehmer?

Unterlagen vorlegen,
§ 106 Abs. 2 BetrVG
§ 108 Abs. 3 BetrVG

Bei der Unterrichtung des Wirtschaftsausschusses hat der Arbeitgeber – falls erforderlich – Unterlagen vorzulegen. Erforderlich ist dies immer dann, wenn der Gegenstand der Unterrichtung nicht ausreichend verständlich ist. Dies trifft praktisch immer zu, wenn Zahlentabellen diskutiert oder umfängliche Sachverhalte dargestellt werden sollen. Die entsprechenden Unterlagen sind vorzulegen und der Wirtschaftsausschuss kann in diese Einsicht nehmen. Es ist ansonsten aber nicht durchsetzbar, dass die Unterlagen auch beim Wirtschaftsausschuss verbleiben. Auch

Kopien darf der Wirtschaftsausschuss gegen den Willen des Arbeitgebers nicht anfertigen (BAG vom 20.11.1984, AP Nr. 3 zu § 106 BetrVG). Er darf sich allerdings Notizen machen.

Bei entsprechend umfangreichen Unterlagen, z. B. beim Jahresabschluss, muss der Unternehmer die Unterlagen dem Wirtschaftsausschuss auch für eine vorbereitende Sitzung aushändigen.

Umfassende Unterrichtung, § 106 Abs. 2 BetrVG

Der Wirtschaftsausschuss ist umfassend zu unterrichten. Dies geschieht, wenn dem Wirtschaftsausschuss alle Unterlagen vorliegen, die er benötigt, um die Angelegenheiten mit dem Unternehmer beraten zu können. Hierzu gehört auch, dass dem Wirtschaftsausschuss die gleichen Unterlagen vorliegen wie dem Arbeitgeber.

Die Unterrichtung beinhaltet auch die Möglichkeit, dass der Wirtschaftsausschuss Fragen stellt, sowie das Recht, mit dem Arbeitgeber über die wirtschaftlichen Angelegenheiten zu diskutieren (beraten).

Auswirkungen auf die Personalplanung, § 106 Abs. 2 BetrVG

Da der Wirtschaftsausschuss als Hilfsorgan des Betriebsrats tätig ist, der wiederum Arbeitnehmerinteressen vertritt, hat der Arbeitgeber nicht nur Informationen zu wirtschaftlichen Angelegenheiten zu liefern, sondern zusätzlich auch die Auswirkungen auf die Personalplanung darzustellen.

BEISPIEL

Der Arbeitgeber berichtet von gesunkenen Umsätzen in den letzten drei Monaten. Dies reicht als Unterrichtung noch nicht, er muss zusätzlich die Auswirkungen auf die Personalplanung darstellen.

Der Arbeitgeber berichtet von geplanten Investitionen im nächsten Geschäftsjahr. Zusätzlich hat er die Auswirkungen auf die Mitarbeiter darzulegen.

7.2.6 Wann hat die Unterrichtung des Wirtschaftsausschusses zu erfolgen?

Rechtzeitige Unterrichtung, § 106 Abs. 2 BetrVG

Der Gesetzgeber sagt, dass die Unterrichtung rechtzeitig erfolgen muss. Doch was bedeutet das? Der Wirtschaftsausschuss hat eine Doppelfunktion: Er hat zum einen mit dem Arbeitgeber zu beraten und zum anderen den Betriebsrat zu informieren. Ziel ist immer, dass der Betriebsrat seine Rechte pflichtgemäß wahrnehmen kann.

Soweit es um die Beratung mit dem Arbeitgeber geht, ist es durchaus denkbar, dass die Unterrichtung eine angemessene Zeit vor der Sitzung, in der die Angelegenheit beraten werden soll, erfolgt. Ebenfalls denkbar ist, dass die Beratung erst in einer späteren Sitzung, nach erfolgter Unterrichtung, stattfindet.

Aber auch der Betriebsrat braucht nach der Unterrichtung durch den Wirtschaftsausschuss noch genügend zeitlichen Vorlauf, um seine Beteiligungsrechte ausüben zu können bzw. um auf Maßnahmen des Arbeitgebers Einfluss zu nehmen.

Damit es dem Betriebsrat möglich ist, auf geplante Maßnahmen Einfluss zu nehmen, darf der Arbeitgeber noch keine vollendeten Tatsachen geschaffen haben. Das heißt, der Arbeitgeber darf zwar planen, jedoch keine konkreten Maßnahmen eingeleitet haben, um die Planungen umzusetzen.

BEISPIEL

Der Arbeitgeber plant Investitionen.

Rechtzeitige Unterrichtung bedeutet hier: Der Arbeitgeber hat seinen Investitionsplan erstellt, aber noch keine Aufträge erteilt oder andere vollendete Tatsachen geschaffen.

7.2.7 Worüber wird der Wirtschaftsausschuss informiert?

§ 106 Abs. 2 BetrVG

Der Arbeitgeber hat den Wirtschaftsausschuss über wirtschaftliche Angelegenheiten und deren Auswirkung auf die Personalplanung zu informieren und mit ihm zu beraten.

Was genau „wirtschaftliche Angelegenheiten“ sind, ist schwer eingrenzbar. Als Beispiele nennt der Gesetzgeber:

- Die wirtschaftliche und finanzielle Lage des Unternehmens: Dazu gehören als Unterlagen monatliche Erfolgsrechnungen, Jahresabschlüsse, Wirtschaftsprüferberichte, Informationen zur Liquiditätslage, Risikolage etc.
- Die Produktions- und Absatzlage: Das sind z. B. Kapazitätsauslastungen, Auftragsbestände, Lagerbestände, Verkaufszahlen usw.

- Das Produktions- und Investitionsprogramm: Hierher gehören etwa die kurz-, mittel- und langfristige Unternehmensplanung mit den dazugehörigen Teilplanungen wie
  - Absatz- und Umsatzplanung,
  - Finanzplanung,
  - Investitions- und Personalplanung sowie einer
  - Ergebnisplanung.
- Rationalisierungsvorhaben, Fabrikations- und Arbeitsmethoden: Das sind Sachen wie die Umgestaltung von Arbeitsvorgängen, die Verlagerung einzelner Arbeitsschritte auf Zulieferer, der Einsatz neuer technischer Einrichtungen, die Änderung von Herstellungsverfahren.
- Fragen des betrieblichen Umweltschutzes: Dazu gehören z. B. die umweltpolitischen Ziele des Unternehmens oder die Verbesserung von Produktionsverfahren.
- Einschränkung, Stilllegung oder Verlegung von Betrieben oder Betriebsteilen: Hierüber ist der Wirtschaftsausschuss grundsätzlich zu informieren, nicht nur bei wesentlichen Nachteilen für die Belegschaft und auch dann, wenn nur kleinere Betriebsteile betroffen sind.
- Zusammenschluss oder Spaltung von Unternehmen oder Betrieben mit den zugehörigen gesellschaftsrechtlichen Veränderungen und den Auswirkungen auf die Arbeitnehmer.
- Änderungen der Betriebsorganisation oder des Betriebszweckes: Unerheblich ist es für das Informationsrecht des Wirtschaftsausschusses, ob es sich um grundlegende Änderungen handelt bzw. ob es mit wesentlichen Nachteilen für die Arbeitnehmer verbunden ist. Er ist grundsätzlich zu informieren.
- Die Übernahme des Unternehmens, wenn hiermit der Erwerb der Kontrolle verbunden ist.
- Sonstige Vorgänge und Vorhaben, welche die Interessen der Arbeitnehmer des Unternehmens wesentlich berühren können, z. B. Rechtsstreitigkeiten, die konjunkturelle Entwicklung, geplante gesetzliche Veränderungen etc. Unter diese Generalklausel fällt alles, was in irgendeiner Weise eine wirtschaftliche Angelegenheit ist, aber noch nicht unter die vorgenannten Beispiele fällt.

Sonderfall: Jahresabschluss

§ 108 Abs. 5 BetrVG

Ein Sonderfall ist die Erläuterung des Jahresabschlusses. Diesen erläutert der Unternehmer nicht nur dem Wirtschaftsausschuss, sondern es ist auch der gesamte Betriebsrat bzw. Gesamtbetriebsrat zu beteiligen.

Dazu ist der Betriebsrat bzw. Gesamtbetriebsrat vom Wirtschaftsausschuss (bzw. von seinem Sprecher) einzuladen. Da das Verständnis des Jahresabschlusses gewisse Vorkenntnisse erfordert, ist es sinnvoll, dass der Wirtschaftsausschuss den Betriebsrat auf die Sitzung vorbereitet.

Soweit bei Kapitalgesellschaften oder Genossenschaften die Pflicht zur Offenlegung besteht, ergibt sich aus dem Gebot zur vertrauensvollen Zusammenarbeit auch die Verpflichtung des Arbeitgebers zur Aushändigung des Jahresabschlusses.

Der Bericht des Wirtschaftsprüfers (vgl. § 316 HGB) ist dem Wirtschaftsausschuss ebenfalls vorzulegen und zu erläutern.

7.2.8 Wie unterrichtet der Wirtschaftsausschuss den Betriebsrat?

Die Weitergabe der Informationen vom Wirtschaftsausschuss an den Betriebsrat bzw. Gesamtbetriebsrat erfolgt unverzüglich und vollständig. Dies bedeutet, dass der Wirtschaftsausschuss erhaltene Unterlagen auch dem Betriebsrat bzw. Gesamtbetriebsrat vorlegen kann. Außerdem ist er auch über etwaige Betriebs- und Geschäftsgeheimnisse zu unterrichten. Die Mitglieder des Betriebsrats bzw. Gesamtbetriebsrats unterliegen der Verschwiegenheitspflicht genauso wie die Mitglieder des Wirtschaftsausschusses (Genaueres hierzu im Folgenden bei den Problemfällen).

Unverzügliche Information bedeutet im Regelfall, dass die Informationen zur nächsten Sitzung des Betriebsrats bzw. Gesamtbetriebsrats gegeben werden. Die Unterrichtung kann mündlich oder schriftlich erfolgen. Idealer Weise erfolgt sie durch den Sprecher des Wirtschaftsausschusses.

7.2.9 Unterrichtung der Arbeitnehmer durch den Arbeitgeber

Der Arbeitgeber hat die Belegschaft vierteljährlich über die wirtschaftliche Lage des Unternehmens zu unterrichten.

In Unternehmen mit in der Regel über 1.000 Beschäftigten erfolgt die Unterrichtung in schriftlicher Form. Bei Unternehmen unter dieser Größe reicht eine mündliche Unterrichtung. § 110 BetrVG

In beiden Fällen hat eine vorherige Abstimmung mit dem Wirtschaftsausschuss und dem Betriebsrat zu erfolgen. Grundsätzlich entscheidet der Unternehmer aber allein über die Inhalte. Dem Betriebsrat (bzw. Gesamtbetriebsrat) verbleibt aber die Möglichkeit, eine abweichende Stellungnahme abzugeben.

7.3 Was tun bei Problemfällen?

7.3.1 Mangelnde Information durch den Unternehmer

Die Informationen müssen umfassend sein. Wie wir oben gesehen haben (Wie informiert der Unternehmer?), ist dies dann der Fall, wenn dem Wirtschaftsausschuss sämtliche Unterlagen vorliegen, die er benötigt, um die Angelegenheit fundiert mit dem Unternehmer beraten zu können. Dies bedeutet auch, dass dem Wirtschaftsausschuss die gleichen Informationen vorliegen wie dem Arbeitgeber.

Sträubt sich der Arbeitgeber dagegen, ist bei einem Streit um die Auskunftspflicht die Einigungsstelle zuständig. Zu beachten ist dabei, dass der Wirtschaftsausschuss selbst kein eigenes Antragsrecht hat, da er nur ein „unselbständiges Hilfsorgan" des Betriebsrats bzw. Gesamtbetriebsrats ist. Die entsprechenden Rechte stehen also nur dem Betriebsrat bzw. Gesamtbetriebsrat zu. § 109 BetrVG

Falls der Unternehmer die Auskunftserteilung verweigert mit dem Hinweis darauf, dass **Betriebs- und Geschäftsgeheimnisse vorliegen würden**, hat im Streitfall darüber ebenfalls die Einigungsstelle zu entscheiden.

§ 106 Abs. 2 BetrVG

Grundsätzlich unterliegen die Mitglieder des Wirtschaftsausschusses der gleichen Geheimhaltungspflicht wie die Mitglieder des Betriebsrats. Das heißt, das Vorliegen eines Betriebs- oder Geschäftsgeheimnisses ist noch kein Grund, um dem Wirtschaftsausschuss Informationen zu verweigern. Nur wenn im Einzelfall eine **Gefährdung** von Betriebs- und Geschäftsgeheimnissen zu befürchten ist, kann der Arbeitgeber die Herausgabe der Informationen verweigern.

§ 109 BetrVG

Voraussetzung für die Anrufung der Einigungsstelle ist, dass der Wirtschaftsausschuss ausdrücklich die Erteilung einer Auskunft verlangt hat und der Unternehmer diese verweigert. Außerdem müssen folgende Voraussetzungen erfüllt sein:

- Der Betriebsrat bzw. Gesamtbetriebsrat hat mit dem Unternehmer um eine Beilegung der Meinungsverschiedenheiten vergeblich verhandelt.
- Der Betriebsrat beschließt die Anrufung der Einigungsstelle.

Weigert sich der Arbeitgeber, einem Einigungsstellenspruch nachzukommen, kann in einer nächsten Stufe der Betriebsrat bzw. Gesamtbetriebsrat beim Arbeitsgericht ein Beschlussverfahren anstrengen. Dem Arbeitgeber drohen, falls der Einigungsstellenspruch bestätigt werden sollte, Bußgelder nach § 121 BetrVG bzw. Zwangsgelder nach § 85 ArbGG.

Falls der Unternehmer seinen Auskunftspflichten und Aufklärungspflichten gegenüber dem Wirtschaftsausschuss nicht, wahrheitswidrig, unvollständig oder verspätet nachkommt (§ 121 BetrVG), handelt er ordnungswidrig. Entsprechendes gilt für die Information der Arbeitnehmer über die wirtschaftliche Lage und Entwicklung (§ 110 BetrVG) und die Erläuterung des Jahresabschlusses (§ 108 Abs. 5 BetrVG). Es kann ihm ein Bußgeld auferlegt werden (§ 17 Abs. 1 OWiG, § 121 Abs. 2 BetrVG).

7.3.2 Streitigkeiten rund um den Wirtschaftsausschuss

Geht es nicht um Fragen der Informationserfüllung des Arbeitgebers, sondern um Streitigkeiten rund um den Wirtschaftsausschuss, so ist das Arbeitsgericht zuständig. Darunter fallen z. B. Fragen zu folgenden Themen:

§§ 2a, 80 ff. ArbGG

- Zulässigkeit der Errichtung des Wirtschaftsausschusses,
- Zusammensetzung des Wirtschaftsausschusses,
- Mitglieder des Wirtschaftsausschusses,
- Hinzuziehung von Sachverständigen,
- Zuständigkeit des Wirtschaftsausschusses für bestimmte Fragen (liegt eine wirtschaftliche Angelegenheit vor?).

7.3.3 Grobe Verstöße des Arbeitgebers gegen seine Pflichten aus dem Betriebsverfassungsgesetz

Bei groben Verstößen des Arbeitgebers gegen seine Pflichten kann der Betriebsrat oder eine im Betrieb vertretene Gewerkschaft beim Arbeitsgericht beantragen, dass der Arbeitgeber verpflichtet wird, sich zukünftig gesetzestreu zu verhalten. Handelt der Arbeitgeber diesen Auflagen zuwider, kann er zu Zwangs- oder Ordnungsgeld verurteilt werden.

§ 23 BetrVG

7.3.4 Behinderung oder Störung der Tätigkeit des Wirtschaftsausschusses

Es ist eine Straftat, die Tätigkeit des Wirtschaftsausschusses zu behindern oder zu stören. Der Gesetzgeber sieht hier neben Geldstrafen sogar auch Freiheitsstrafen bis zu einem Jahr vor.

§ 119 BetrVG

7.3.5 Wer kann sonst noch an den Sitzungen des Wirtschaftsausschusses teilnehmen?

Schwerbehindertenvertreter

§ 95 Abs. 4 SGB IX

Der Schwerbehindertenvertreter ist berechtigt, sowohl an den Sitzungen des Betriebsrats bzw. Gesamtbetriebsrats als auch an den Sitzungen von Ausschüssen des Betriebsrats bzw. Gesamtbetriebsrats beratend teilzunehmen. Dies gilt somit auch für den Wirtschaftsausschuss. Er ist zu den Sitzungen unter Mitteilung der Tagesordnung rechtzeitig einzuladen.

Sachverständige

§ 80 Abs. 3 BetrVG

Nach näherer Vereinbarung mit dem Arbeitgeber kann der Wirtschaftsausschuss auch Sachverständige hinzuziehen. Die Beratung durch einen Sachverständigen ist allerdings nur dann notwendig, wenn der Wirtschaftsausschuss im Einzelfall ansonsten seinen Aufgaben nicht ordnungsgemäß nachgehen kann (BAG vom 18.7.1978 – 1 ABR 34/75). Im Regelfall sollen die Mitglieder des Wirtschaftsausschusses selbst ausreichend Sachkompetenz haben. Auch der Unternehmer kann natürlich externe Sachverständige hinzuziehen.

Gewerkschaftsbeauftragte

Auch Gewerkschaftsbeauftragte können an den Sitzungen teilnehmen, wenn die Sachkenntnis des Wirtschaftsausschusses nicht ausreicht. Voraussetzung ist ein Beschluss des Betriebsrats bzw. Gesamtbetriebsrats. Die Teilnahme des Gewerkschaftsbeauftragten erfolgt analog zu § 31 BetrVG (zur Teilnahme eines Gewerkschaftsbeauftragten siehe auch BAG vom 25.6.1987 – 6 ABR 45/85 und BAG vom 18.11.1980, AP BetrVG 1972 § 108 Nr. 2).

7.3.6 Welche Rechtsstellung hat ein Mitglied des Wirtschaftsausschusses?

§ 37 Abs. 2 und 3 BetrVG

Ein Mitglied des Wirtschaftsausschusses ist, genau wie ein Betriebsratsmitglied, ehrenamtlich tätig. Die Regelungen zur Befreiung von der beruflichen Tätigkeit unter Fortzahlung des Arbeitsentgelts gelten analog zu denen für Betriebsräte (BAG vom 17.10.1990 – 7 ABR 69/89). Auch die Regelungen zum Ausgleich der Tätigkeitszeiten, die außerhalb der regulären

Arbeitszeit erfolgen, gelten für Wirtschaftsausschussmitglieder analog. Die Mitglieder des Wirtschaftsausschusses haben keinen besonderen Kündigungsschutz, außer natürlich, sie gehören dem Betriebsrat an. Sie dürfen wegen ihrer Tätigkeit nicht benachteiligt werden.

7.3.7 Wer trägt die Kosten für den Wirtschaftsausschuss?

Entsprechend der Regelung für den Betriebsrat hat der Arbeitgeber auch die Kosten des Wirtschaftsausschusses zu tragen, da sie durch die Tätigkeit des Betriebsrats bzw. Gesamtbetriebsrats erforderlich werden und die Bildung eines Wirtschaftsausschusses nach dem Gesetz obligatorisch ist (BAG v. 17.10.1990 – 7 ABR 69/89). § 40 Abs. 1 BetrVG

7.3.8 Haben die Mitglieder des Wirtschaftsausschusses Anspruch auf Schulung?

Grundsätzlich gilt: Die Mitglieder des Wirtschaftsausschusses sollen die erforderliche persönliche und fachliche Eignung besitzen. Hieraus kann man ableiten, dass ein Schulungsanspruch nicht besteht. Da es sich aber um eine „Soll"-Vorschrift handelt, muss dies genauer beleuchtet werden. § 107 Abs. 1 BetrVG

Wirtschaftsausschuss-Mitgliedern, die zugleich Betriebsratsmitglied sind und nicht über die nötigen Kenntnisse verfügen, haben einen Schulungsanspruch aus ihrer Betriebsratstätigkeit (LAG Bremen v. 17.1.1984 – TaBV 10/83 und LAG Berlin v. 13.11.1990 – 3 TaBV 3/90). § 37 Abs. 6 BetrVG

Für Wirtschaftsausschussmitglieder, die keine Betriebsratsmitglieder sind, gilt das so allerdings nicht (hierzu auch LAG Hamm vom 8.8.1996 – 7 SA 2016/95; BAG vom 6.11.1973 – 1 ABR 8/73 und BAG vom 11.11.1998 – 7 AZR 491/97).

Für Günter steht auf jeden Fall fest: Er wird einen Wirtschaftsausschuss zur Überwindung der aktuellen Krise einsetzen und zu einer leistungsfähigen Stabsstelle des Betriebsrats machen. Er denkt: „Die Geschäftsführung hat das Controlling im Rücken, und wir haben den Wirtschaftsausschuss!"

Organisation der Wirtschaftsausschussarbeit

8

In diesem Kapitel erfahren Sie

1. wie WA-Sitzungstermine geplant werden,
2. welche Aufgabe der WA-Sprecher hat,
3. wie nützlich ein Ergebnisprotokoll ist.

Günter Kleinschmitt ist zufrieden. Es ist ihm gelungen Marion Knopf aus dem Marketing, Andreas Haber aus der Buchhaltung und Susanne Lübke vom Betriebsrat für den Wirtschaftsausschuss zu gewinnen. Zusammen mit ihm sind sie nun zu viert und es kann losgehen.

Bei ihrem ersten Treffen soll es aber zunächst noch nicht um inhaltliche Fragen gehen, sondern um die Organisation ihrer Arbeit, wie beispielsweise die langfristige Terminplanung der Sitzungen, Vor- und Nachbereitungssitzungen, die Wahl eines Sprechers und um Fragen der Dokumentation ihrer Arbeit für den Betriebsrat.

8.1 Terminplanung der Sitzungen

8.1.1 Sitzungen mit dem Unternehmer

An den Sitzungen des Wirtschaftsausschusses nehmen nicht nur dessen Mitglieder, sondern auch der Unternehmer oder ein Vertreter des Unternehmers teil. Da die Terminkalender aller Beteiligten meist gut gefüllt sind, sollten die Termine für die Wirtschaftsausschusssitzungen **langfristig geplant** werden, denn sie müssen unter den Wirtschaftsausschussmitgliedern und mit dem Unternehmer abgesprochen werden.

Quartalssitzungen

Zu den Sitzungen gehören **mindestens vier Quartalssitzungen**, wie sich aus **§ 110 Abs. 1 BetrVG** ergibt. Danach muss der Unternehmer in Unternehmen mit in der Regel mehr als 1.000 Beschäftigten die Arbeitnehmer mindestens einmal im Kalendervierteljahr schriftlich über die wirtschaftliche Lage des Unternehmens informieren. Diese Information muss nach § 110 BetrVG zuvor mit dem Wirtschaftsausschuss abgestimmt werden. Sind weniger als 1.000 Beschäftigte im Unternehmen, dann erfolgt die Information mündlich, die Verpflichtung zur Abstimmung mit dem Wirtschaftsausschuss bleibt aber bestehen.

Monatssitzungen

Unabhängig davon sollte nach **§ 108 BetrVG** der Wirtschaftsauschuss **einmal pro Monat** zusammentreten (Monatssitzung). Bei Bedarf kann der Wirtschaftsausschuss sich auch öfter treffen oder **Sondersitzungen** einberufen, wenn die Entwicklung der wirtschaftlichen Angelegenheiten im Sinne des § 106 Abs. 3 BetrVG es erfordern.

Speziell in den Monatssitzungen werden die aktuellen, monatlichen Zahlen zur wirtschaftlichen Entwicklung aus dem internen Rechnungswesen/Controlling beraten und alle wirtschaftlichen Angelegenheiten, wie sie beispielhaft in § 106 Abs. 3 BetrVG genannt sind.

8.1.2 Sitzungen ohne den Unternehmer

Der Unternehmer muss an den Sitzungen des Wirtschaftsausschusses teilnehmen, wenn er dazu eingeladen wird. Der Wirtschaftsausschuss kann sich aber auch zu einer Sitzung treffen, ohne dass der Unternehmer daran teilnimmt bzw. teilnehmen darf.

Vorbereitungssitzung

In einer **Vorbereitungssitzung** können beispielsweise die vorab erhaltenen Unterlagen gesichtet und diskutiert werden. Der Ablauf des Treffens mit dem Unternehmer kann besprochen und die zu stellenden Fragen können schriftlich fixiert werden. Eventuell ergeben sich auch noch offene Punkte, zu denen der Unternehmer weitere Unterlagen oder Informationen in der anstehenden gemeinsamen Sitzung liefern sollte.

Nachbereitungssitzung

Nach der Sitzung mit dem Unternehmer ist eine **Nachbereitungssitzung** sehr wichtig. Diese Nachbereitung kann auch direkt nach der Sitzung mit dem Unternehmer stattfinden. In der Nachbereitungssitzung werden die erhalten Informationen und Antworten nochmals geordnet und abgestimmt. Diese zusammengefassten Ergebnisse werden dann später auch an den Betriebsrat gegeben.

Andreas Haber, der in der Buchhaltung mitarbeitet, hat für die Sitzungsplanung einen wichtigen Hinweis: Die Geschäftsleitung bekommt die monatlichen Auswertungen aus der Buchhaltung und aus dem Controlling immer eine Woche nach dem Ablauf eines Monats. Ein sinnvoller Zeitpunkt für die monatlichen Wirtschaftsausschusssitzungen wäre daher beispielsweise ein Tag am Ende der zweiten Woche eines Monats, damit die Unterlagen dem Wirtschaftsausschuss auch rechtzeitig vorliegen können und trotzdem noch Zeit bleibt für die inhaltliche Vorbereitung im Gremium.

Als nächstes taucht die Frage auf: Welchem Wirtschaftsausschussmitglied soll die Unternehmensleitung die monatlichen Berichte und Auswertungen zukommen lassen?

8.2 Organisation der Sitzungsarbeit

Der Wirtschaftsausschuss ist kein eigenständiges Organ vergleichbar dem Betriebsrat. Er fasst keine durchsetzungsfähigen Beschlüsse und braucht daher eigentlich auch keinen Vorsitzenden und auch keine Geschäftsordnung.

Um kommunikationsbedingten Problemen vorzubeugen und um Klarheit unter allen Beteiligten zu schaffen, empfiehlt es sich allerdings, einen **Sprecher** sowie einen **Stellvertreter** zu wählen. Klarheit besteht dann dahingehend, dass diese Person zum einen Ansprechpartner für den Unternehmer ist und zum anderen auch die Schnittstelle zwischen Wirtschaftsausschuss und Betriebsrat darstellt.

8.2.1 Sprecher des Wirtschaftsausschusses

Der Sprecher des Wirtschaftsausschusses übernimmt z. B. folgende Aufgaben:

- Er erstellt und versendet die Einladungen zu den Sitzungen an die Wirtschaftsausschussmitglieder und den Unternehmer.
- Er ist Ansprechpartner für den Unternehmer bei Rückfragen.
- Er nimmt die angeforderten Unterlagen entgegen.
- Er eröffnet, leitet und schließt die Sitzungen.
- Er gibt Informationen an den Betriebsrat bzw. Gesamtbetriebsrat weiter.
- Er ist Ansprechpartner für den Betriebsrat bzw. für den Gesamtbetriebsrat.

8.2.2 Die Einladung zu den Sitzungen

Der Sprecher des Wirtschaftsausschusses lädt zu den Sitzungen schriftlich ein. In der Einladung sind neben dem Ort und dem Zeitpunkt, auch die Tagesordnungspunkte für die kommende Sitzung zu nennen. Auf Basis der benannten Tagesordnungspunkte kann der Unternehmer die erforderlichen Unterlagen zusammenstellen, rechtzeitig versenden und sich selbst auf die Inhalte der Sitzung vorbereiten.

MURNAUER METALLWERKE

Beispiel für eine Einladung des Wirtschaftsausschusses an den Unternehmer

Wirtschaftsausschuss der
Murnauer Metallwerke AG
Sprecherin: Susanne Lübke

Geschäftsleitung
Murnauer Metallwerke AG
Herr Wadenbeisser

Einladung zur Wirtschaftsausschusssitzung

Murnau, den 4.11.2019

Sehr geehrter Herr Wadenbeisser,

hiermit laden wir Sie herzlich zur nächsten Wirtschaftsausschusssitzung ein. Die Sitzung findet statt am 28.11.2019 um 14 Uhr im Besprechungsraum 1.

Für die Sitzung sind folgende Tagesordnungspunkte vorgesehen:

1. Sitzungseröffnung und Feststellung der Anwesenheit
2. Bericht der Geschäftsleitung über die aktuellen wirtschaftlichen Angelegenheiten im Sinne des § 106 Abs. 3 BetrVG
3. Bericht und Beratung der monatlichen Erfolgsrechnung auf Basis der einzelnen Geschäftsbereiche
4. Bericht und Beratung über den aktuellen Stand der geplanten Kostenreduzierung bei Zulieferungen
5. Verschiedenes

Zur Vorbereitung der Sitzung bitte ich Sie, mir die hierfür erforderlichen Unterlagen bis zum 14.11.2019 zukommen zu lassen. Wir würden uns freuen, wenn zur Besprechung des Punktes 4 auch der zuständige Abteilungsleiter Herr Rabe an unserer Sitzung teilnehmen würde.

Mit freundlichen Grüßen
Susanne Lübke
Sprecherin des Wirtschaftsausschusses

Einstimmig bestimmen die vier Wirtschaftsausschussmitglieder Susanne Lübke zu ihrer zukünftigen Wirtschaftsausschusssprecherin. Sie verfügt als langjährige Betriebsrätin über viel Erfahrung im Umgang mit der Unternehmensleitung, kann gut argumentieren und hat bereits unter

Beweis gestellt, dass sie notfalls gerichtlich dafür sorgt, dass der Unternehmer seine Verpflichtungen einhält.

Susanne Lübke freut sich und ist gerne bereit, die Wahl anzunehmen. Allerdings hat sie eine Bedingung: „Reden, diskutieren und auch mal kontrovers streiten, das ist in Ordnung, aber Protokoll schreiben – das mach ich nicht!"

Dafür wiederum ist Marion Knopf perfekt geeignet. Im Marketing schreibt sie viel und ist geübt darin, Wichtiges auf den Punkt zu bringen. Außerdem gelingt es ihr immer gut, komplexe Zusammenhänge in einfache und verständliche Worte zu fassen. Das sind perfekte Voraussetzungen, um ein Ergebnisprotokoll zu den Wirtschaftsausschusssitzungen zu verfassen.

8.2.3 Protokoll für den Betriebsrat

Während der Sitzung mit dem Wirtschaftsausschuss hat der Unternehmer über die aktuelle wirtschaftliche Entwicklung im Unternehmen zu berichten und Fragen zu beantworten. Über alle Punkte auf der Tagesordnung wird beraten und diskutiert.

In der Nachbereitungssitzung gleichen die Wirtschaftsausschussmitglieder ihre Aufzeichnungen ab und diskutieren die erhalten Antworten. Hieraus können sie wiederum weitere Fragestellungen für die kommende Wirtschaftsausschusssitzung ableiten. Sie stellen fest, ob die Unterlagen rechtzeitig und umfassend zugegangen sind oder ob in dieser Hinsicht Handlungsbedarf besteht. Schließlich beraten sie darüber, welche Bedeutung die Informationen für die wirtschaftliche Zukunft des Unternehmens und der Mitarbeiter haben. Diese Zusammenfassung geht dem Betriebsrat (bzw. dem Gesamtbetriebsrat) zeitnah durch den Sprecher des Wirtschaftsausschusses zu.

Für den gesamten Prozess ist es sehr nützlich, die Ergebnisse schriftlich festzuhalten. Während der Sitzung sollte deshalb ein Wirtschaftsausschussmitglied die Protokollführung übernehmen. Das **Ergebnisprotokoll** wird dann unter den Wirtschaftsausschussmitgliedern inhaltlich in der Nachbereitungssitzung abgestimmt. Dieses Vorgehen dient zum einen der Sicherstellung eines gemeinsamen Verständnisses über die erhaltenen Informationen, zum anderen kann der Sprecher des Wirtschaftsausschusses dieses Protokoll auch nutzen, um den Betriebsrat über die Ergebnisse der Arbeit des Wirtschaftsausschusses vollständig zu informieren.

„Damit sind die organisatorischen Dinge schon geklärt," sagt Andreas Haber „und es kann losgehen. Ich freue mich schon auf unsere neuen Aufgaben." Er kramt in seiner großen Buchhaltertasche und zaubert eine Flasche georgischen Sekt samt vier Gläsern hervor. Der Kunststoffkorken knallt an die Decke und die Gläser werden gefüllt. „Auf uns und unsere gemeinsame Zukunft – legen wir los und gestalten wir ab heute die Zukunft der Murnauer Metallwerke im Sinne der Belegschaft mit! Dann werden wir die Krise schon gemeinsam überwinden."

Stichwörter

A

B

J

K

L

M

N

O

P

Q

R

S